名古屋大学 環境学叢書 5

持続可能な未来のための知恵とわざ

ローマクラブメンバーとノーベル賞受賞者の対話

林　良嗣
中村　秀規　編

エルンスト・フォン・ワイツゼッカー
赤﨑　勇
小宮山　宏
天野　浩
飯尾　歩

明石書店

持続可能な未来のための知恵とわざ

― 目 次 ―

はしがき .... 林　良嗣　6

エルンスト・フォン・ワイツゼッカー博士への
　名古屋大学名誉博士称号授与の言葉 .... 松尾　清一　9

第1部　記念講演

ローマクラブからの新たなメッセージ
　..エルンスト・フォン・ワイツゼッカー　16

　　　　　ローマクラブの創立とその後／ローマクラブ共同会長に
　　　　　なって／研究成果の報告書、出版活動／成長は止まらない
　　　　　か？／持続可能性の限界と3つの選択肢／日本の経験に
　　　　　学ぶ／デカップリングの重要性／リバウンド効果／今後の
　　　　　戦略的な報告書／経済学の再考／新たな啓蒙思想／新たな
　　　　　価格制度／スウェーデンの成功例／おわりに

ローマクラブに参画して .... 林　良嗣　57

　　　　　ローマクラブとは／元国家元首、活動家など多彩なメン
　　　　　バー／世界のProblematic（著しい困難）解決方針の提示
　　　　　／QOLアプローチの役割／可能性を秘める名古屋大学

第 2 部　トークセッション

持続可能な未来のための知恵とわざ ……………………………………………… 66
　　エルンスト・フォン・ワイツゼッカー × 赤﨑　勇 ×
　　小宮山　宏 × 天野　浩 × 林　良嗣 × 飯尾　歩

　　　　LEDの開発／「人工物の飽和」と「プラチナ社会」／科学
　　　　が開拓するフロンティア／リサイクルとリマニュファク
　　　　チャリング／建物だけでなく、その地区としての全体の調
　　　　和／貧困問題とテクノロジー・産業／スマートシュリンク
　　　　とは／サイエンスの光と影

名古屋大学での思い出と青色発光ダイオードの実現 ………… 赤﨑　勇　95
　　　　1. 名古屋大学での思い出──思い出すままに
　　　　2. 青色発光ダイオードの実現──高品質窒化ガリウム単
　　　　　 結晶が果たした役割

21世紀のビジョン「プラチナ社会」……………………………………小宮山　宏　112
　　　　はじめに／世界の現状／21世紀のビジョン「プラチナ社
　　　　会」／ビジョン実現のための創造型需要／プラチナ社会と
　　　　日本の基本戦略

ローマクラブと持続可能な社会──ハピネスを探して
　　………………………………………………………………林　良嗣 × 丸山　一平　127
　　　　ローマクラブと日本／ハピネス──トータルな豊かさの追
　　　　求／次代の方向性を指し示す

はしがき

　ローマクラブは、オリベッティ副会長のアウレリオ・ペッチェイ氏がその直感により、人口の幾何級数的成長に対して食糧・資源の生産がまったく追従不可能となって多くの飢餓が発生し、地球社会が破綻すると訴えたことに始まり、1968年に結成された。その裏づけとなる数値シミュレーションを委託されたMIT（マサチューセッツ工科大学）チームは、1650年から250年で倍増した人口が、1970年からは33年で倍増し、2000年には70億人に達することを予測し、それらは飢餓の発生も含めてほぼ当たっている。この成果は1972年に『成長の限界』として出版されたが、最初は気に留めた人々はむしろ多くなかった。しかし、翌年のオイルショックを経験して、この警告を無視できないことが理解され、ローマクラブは爾来、人類のさまざまなProblematic（著しい困難）とその解決の指針を示す44冊のレポートを、そのメンバーが出版してきた。

　また、80年代初頭には、ローマクラブの初代メンバーであり常任委員を務めた大来佐武郎氏が、地球規模の問題は、ローマクラブのようなNGOの警告だけではなく、国連が責任をもって当たるべきであるとして、開発と環境に関する委員会を設置することを提唱した。これがのちに委員長の名をとってブルントラント委員会と呼ばれた組織で、その中で将来世代の開発を妨げない現代の開発、すなわち「持続可能な開発（Sustainable Development）」の概念が生まれ、レポート『われら共通の未来（Our Common Future）』が出版された。このように、ローマクラブは『成長の限界』以来、持続可能な社会の時代思潮をリードしてきた。

2015年に国連において持続可能な開発目標SDGs（Sustainable Development Goals）が採択され、世界各国が現在取り組み始めている。このタイミングに、ローマクラブレポート『Come on!（来たれ、持続可能な世界の実現に向けて）』が間もなく出版されることは、大いに注目されるところである。そのローマクラブの共同会長であるエルンスト・フォン・ワイツゼッカー教授が、名古屋大学から名誉博士号を授与されることとなり、2016年2月6日に授与式が行われ、それを記念する講演会「ローマクラブからの新たなメッセージ」が企画されて、そこで『Come on!』のエッセンスが語られた。

　ワイツゼッカー教授は「ファクター4」の概念（豊かさを2倍にしながら、資源消費を半減させる）の提唱者として有名である。講演会に続いて、ファクターの分母の資源消費の飛躍的な削減を可能とするLEDの発明によりノーベル物理学賞を受賞した赤﨑勇教授、天野浩教授のお二人と、ローマクラブ・フルメンバーでプラチナ社会（地球環境問題を解決した元気な超高齢社会）を提唱する小宮山宏・三菱総合研究所理事長、およびスマートシュリンク（都市の賢い縮退）を提唱する林良嗣が加わり、飯尾歩・中日新聞社論説委員とともにコーディネートを務めたトークセッション「持続可能な未来のための知恵とわざ」が開催された。

　本書は、これら記念講演とトークセッションの内容を収録したものである。また、登壇者によって書かれた関連する短いコラムも、トークセッションでの発言の背後にある考え方の理解を助けるために、併せて掲載している。

　ワイツゼッカー教授の講演では、競争が常により良い社会を生み出すという誤った経済学が一方向経済をもたらしたとして、富の極端な偏在が助長され大きく崩れた社会のバランスを取り戻すこと、水などの自然資源の世代間バランスを維持すること、その基礎となる公と私、宗教と国家、男性性と女性性などの釣り合いを図ること、など、考え方の基盤を転換する重要性が語

られた。

　トークセッションでは、ファクターの概念に従って、議論が展開された。赤﨑教授からは、資源消費の大幅節減の技術である窒化ガリウムのpn接合からLEDを作り出すプロセス、さらにフロンティアエレクトロニクスへの展開過程が提示された。小宮山教授からは建物や自動車など人工物の飽和を機に幸せなプラチナ社会構築に向かうべきこと、ワイツゼッカー教授からはリサイクルとリマニュファクチャリングのアイデアが出された。林からは将来の資源効率とQOL（生活の質）を高めるための良質建物群形成とスマートシュリンクのアイデアが出された。天野教授からは、飽和している国でも資源効率を重視し続ける一方で、発展途上国ではLED技術が光を灯し、生命の危険を抑制することの重要性が語られた。

　LEDという一つの技術が、ファクターの分母を縮減する技術であるとともに、分子のQOLを高める効果をもたらすことにもなる。ノーベル賞の技術革新とローマクラブの社会性が融合して、経済システムの機能不全から退歩に向かいつつある文明が、進化へ向けて再転換するためのさまざまなヒントの得られる機会となった。

林　良嗣
（中部大学総合工学研究所教授、ローマクラブ・フルメンバー）

エルンスト・フォン・ワイツゼッカー博士への名古屋大学名誉博士称号授与の言葉

松尾 清一
(名古屋大学総長)

　名古屋大学では、学術文化の発展に特に顕著な功績のあった方々に、名誉博士称号を授与している。このたび、ローマクラブ共同会長、エルンスト・フォン・ワイツゼッカー博士がこの栄誉に輝いた。その授与式(2016年2月6日)での、松尾清一・名古屋大学総長の言葉を掲載する。

　皆様こんにちは。名古屋大学総長の松尾清一でございます。本日、ワイツゼッカー教授ご夫妻におかれましては、遠路はるばる、名古屋大学にお越しくださいまして、心から感謝申し上げます。
　そしてまた、本日ご来場の皆様には、大変お忙しいところ、ワイツゼッカー・ローマクラブ共同会長への名古屋大学名誉博士称号授与式にお越しくださいまして、まことにありがとうございます。皆様とともに、ワイツゼッカー教授への、名誉博士称号授与をお祝いすることができまして、総長として大変嬉しく思っております。私のほうから皆様に、ワイツゼッカー教授の御略歴を紹介するとともに、名古屋大学名誉博士称号をお贈りすることになりました経緯につきまして、ご報告を申し上げたいと思います。
　エルンスト・ウルリッヒ・フォン・ワイツゼッカー教授は、ドイツ連邦共和国の方でございまして、1939年にお生まれになっておられます。そして現在、76歳でいらっしゃいます。ワイツゼッカー教授は、国際連合環境計画国際資源パネル共同議長、そしてローマクラブ共同会長を務めてこられま

したが、これらは地球環境に関する最も重要な組織のうちの2つでございます。1972年、教授が36歳のときに、インターディシプリナリー（異分野融合）の学問を追究する、カッセル大学を創設されました。そして、その初代学長に就任しておられます。その後、1981年、その大学創設から9年後ですけれども、国際連合の「開発のための科学技術センター」の所長、1984年には、欧州環境政策研究所の所長、そして1991年には、ヴッパータール気候・環境・エネルギー研究所を創設し、所長に就任しておられます。1998年、この年に教授は、ドイツ連邦議会の議員となられまして、ドイツ連邦議会に環境委員会を設立して、自ら委員長に就任しておられます。そしてこの活動が、今日ドイツが環境国といわれる基本理念をつくりあげ、その政策実現のためのリーダーとして、著名な活躍をしておられます。世紀が変わりまして、2006年には、カリフォルニア大学最大の寄付者でございます、ドナルド・ブレン氏のたっての要請で、カリフォルニア大学サンタバーバラ校に、環境学の理念形成と実際のビジネスへの展開を目的として設立されました、ドナルド・ブレン環境科学マネジメント研究科の研究科長に就任して、教育そして研究にあたられました。今日お伺いしたところでは、ここで3年間過ごしておられます。このときに、名古屋大学環境学研究科との学術協定締結のために来学をされまして、本学の林良嗣環境学研究科長（当時）との間で、学術協定を調印していただきました。

　ワイツゼッカー教授は1995年に、省資源、省エネルギーの方法と可能性を説いた著書『ファクター4――豊かさを2倍に、そして資源消費を半分に』を出版されたことで、世界的に著名であります。特にこの出版に対しましては、1996年にはWWF（世界自然保護基金）から、WWF環境保護賞、そしてまたエディンバラ公爵金賞を、授与されておられます。また、ドイツのみならず全世界に、環境分野の研究教育と、政策や政治への幅広い実績を上げられたことに対しまして、2008年にはドイツ環境賞、2009年にはドイ

ツ連邦共和国大十字勲章を授与されるなど、多くの著名な賞を受賞されておられます。

　一方、ワイツゼッカー教授は名古屋大学に対して多大な貢献をしてくださいました。2007年から、名古屋大学大学院環境学研究科客員教授に就任していただくとともに、2009年度から2013年度まで実施されました、名古屋大学のグローバルCOEプログラム「地球学から基礎・臨床環境学への展開」の、国際アドバイザリーボードメンバーとして、積極的に関与していただきました。

　また教授からは、このプログラムにおける「臨床環境学」という概念、言葉、考え方に対しまして、環境学研究科の理学、工学、社会科学を横断する学理形成が国際的に見てもきわめて先見的であると、高く評価をしていただきました。その結果といたしまして、このプログラムは、文部科学省から最高の評価（「設定された目的は十分達成された」）をいただくことにつながりました。同時にワイツゼッカー教授におかれましては、ほぼ毎年、特別講義や国際シンポジウム等でご来学いただきまして、COEプログラムと環境学研究科の、教育、研究の発展に大いに貢献していただいております。また、メディアにおける関心も非常に高く、名古屋大学から社会への情報発信に大きく貢献をしていただきました。このCOEプログラムが主催をいたしましたシンポジウムの内容を記述した書物、『東日本大震災後の持続可能な社会──世界の識者が語る診断から治療まで』というタイトルの本の著者にもなっておられ、名古屋大学のこの分野の学問業績の発展にも大いに貢献していただいております。グローバルCOEプログラムの成果を引き継ぎ、2014年4月に発足いたしました、環境学研究科附属「持続的共発展教育研究センター」の活動に関する指導もいただいております。

　以上の理由によりまして、エルンスト・ウルリッヒ・フォン・ワイツゼッカー教授に対しまして、名古屋大学は名誉博士称号授与を決定し、本日ここ

に授与式を挙行させていただく次第でございます。本日、ワイツゼッカー教授が名古屋大学名誉博士称号を得られることにより、名古屋大学との関係をよりいっそう深め、そしてまた日本との関係もよりいっそう深くなると思います。本学ならびに本邦の教育研究へのさらなるご貢献をいただくとともに、持続的発展の教育研究分野で、名古屋大学の活動、そしてまた日本の活動が、さらに広く世界に知られるようになることを、心から期待する次第でございます。

なお本日は授与式の後、ワイツゼッカー教授による記念講演、そしてまた、本日、これもまたわざわざ、遠路はるばるお越しいただきました小宮山先生、そしてまた本学の天野先生、名城大学の赤﨑先生、中日新聞の飯尾様にも加わっていただいて、幅広い視点からトークセッションを開催いたします。世界の知恵を集めました本日の集まりは、大変有意義であり、未来への示唆に富んだものになると確信をしております。皆様も、短い時間ではございますけれども、ぜひこの世界の知恵のさまざまな考え方、提言をご堪能いただければと思います。ワイツゼッカー教授をはじめすべての関係者の皆様と、本日ご出席の皆様に、心からお礼を申し上げまして、私からのご挨拶に代えさせていただきます。

名誉博士号の称号を授与させていただきます。

名誉博士号、ドイツ連邦共和国、エルンスト・ウルリッヒ・フォン・ワイツゼッカー。学術文化の発展に特に顕著な功績があったので、名古屋大学名誉博士の称号を授与する。

平成28年2月6日　名古屋大学　松尾清一

名誉博士称号を授与されるワイツゼッカー教授（右）

ワイツゼッカー名誉博士より、感謝の言葉

　一言、二言、感謝の言葉を述べさせていただきます。松尾先生、そして名古屋大学の私の友人の方々、本当に私は光栄に思っております。今回の信じられない栄誉――有名な名古屋大学から、名誉博士称号をいただいたということで、嬉しく思っております。名古屋に参りますと、名古屋大学での滞在をいつも楽しんでおります。特に嬉しく思っていましたのは、今、赤﨑先生ともお話をしておりましたが、赤﨑先生が、LEDの分野で大変素晴らしい貢献をされました。のちほどお話しになると思いますが、素晴らしい学術的な環境でのお仕事ということで、私もとても興味をもっております。本当に皆様方に感謝を申し上げたいと思います。ありがとうございました。

松尾総長による名誉博士称号授与に至るワイツゼッカー教授の功績の説明

第1部
記念講演

ローマクラブからの新たなメッセージ
エルンスト・フォン・ワイツゼッカー

ローマクラブからの新たなメッセージ

エルンスト・フォン・ワイツゼッカー
(ローマクラブ共同会長)

ご招待いただきまして、嬉しく思います。本当は、立ってお話ができたらよかったんですが、4か月ほど前に骨折をしてしまいました。医者には、もう授与式への参加はキャンセルしろ、と言われたのですが、私は絶対に行きたいと言いました。本当に大事なことなので今日はこちらに来たかった、ということで、来たわけですけれど、しかし、代わりにやはり、座ってお話しする羽目になりました。

エルンスト・フォン・ワイツゼッカー

ローマクラブの創立とその後

松尾総長のお話にありましたように、私はいろんな仕事に携わってまいりました。だいたい4年ごとぐらいに、仕事を替えてきました。ということは、10くらい、いろんな仕事をしてきましたが、今は、無給で仕事をして

図1

アウレリオ・ペッチェイ (1908–1984)
出典：lastcallthefilm.com

アレキサンダー・キング (1909–2007)
出典：whitehead-family.ca

エドゥアルド・ペステル (1914–1988)
出典：Niedersachsen.de

アウレリオ・ペッチェイ他2人のローマクラブ創設者。地球と人類の将来に対する主要な懸念に関して一致協力した

います。しかし、無給であるといっても、非常に難しい仕事なんですね。すなわちそれは何かといいますと、ローマクラブの共同会長であります。このローマクラブというのは、50年くらいの長い歴史をもっています。そして、2018年にローマで50周年記念が祝われると思いますが、良い機会ですので、ここでこのクラブの話をまずしてみたいと思います。

　図1の左側の人物が、アウレリオ・ペッチェイであります。創立のとき、産業界で世界を率いるリーダーでありました。そして、もっとも重要なイタリアの財界人でありました。この人とその他何人もの友人が、その当時、この地球の将来、そして、人類の将来に対して非常に懸念をもっていました。不安をもっていました。そこで、このペッチェイ、そしてその友人が集まって、MIT（マサチューセッツ工科大学）に対して委託をいたしました。

　ジェイ・ライト・フォレスター先生という人が図2の左から2番目にいますが、この人を中心として、人類がこれからどうなっていくのか、というこ

図2

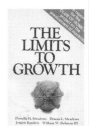

『成長の限界』の執筆チーム
著作は大ベストセラーに

左より、ヨルゲン・ランダース、ジェイ・W・フォレスター、ドネラ・メドウズ、デニス・メドウズ、ウィリアム・ベーレンス
出典：raunerlibrary.blogspot.com

とについて——当時、人類の苦境（Problematic）と言われておりましたが——、報告書をつくるように依頼しました。そして、世界の非常に複雑な現実を見て、彼らがメッセージを出したんです。それが『成長の限界』というこの報告書です（図2）。

　その当時と同じような経済成長をずっと続けていったらどうなるか？　診断を行い、そして大きな災害、悲惨な状態になる、と結論づけました。石油はなくなるであろう。それから鉱物も、水もなくなるであろう。そして人口が増え過ぎるとか公害が大変なことになる、というような結論でありました。この本はまさに、大きな物議を醸し、多くの言語に訳され、そして、本当にたくさんの部数が売れました。

　しかし、すべての人がそれに賛成したわけではありません。例えば図3にいる、レーガンとサッチャーですが、彼らは、基本的には成長に限界などな

図3

『成長の限界』を嫌った人たちもいた

出典:www.reagan.utexas.edu

ロナルド・レーガン:
「成長の限界といったようなことは
ありえない」
この言葉はとても人気を博した(1983)

マーガレット・サッチャー:
「彼以外の人々は成長の限界しか
見なかった。彼は停滞する経済を、
機会をもたらすエンジンに変えた」
(2004、レーガンの訃報を受けてのコメント)

い、もっともっと成長すべきだ、と言いました。この2人は、非常に楽観的な考えをもっていました。そして、愛国的に、それぞれの国で経済をもっと発展させなければいけない、と思っていました。しかし、これはある意味わかります。私自身も非常に楽観的ではあるんですけれども、この楽観主義というのは、現実を無視していいものではありません。すなわち楽観主義であっても、同時に、その現実を見る目をもたなければいけないわけです。

ローマクラブ共同会長になって

ペッチェイさんのあとにも、素晴らしいリーダーがたくさんいらっしゃいます。私もペッチェイさんには、彼の晩年に会ったことがありますが、その他にも図4で紹介しておりますように、スペインのリカルド・ホッホラ

図4

アウレリオ・ペッチェイとアレキサンダー・キングのあとのローマクラブ会長

リカルド・ディーツ・ホッホライナー
(在任1990-2000)

エル・ハッサン・ビン・タラール殿下
(在任2000-2006)

アショク・コシュラ博士(左)とエバーハルト・フォン・コーバー
(共同会長、在任2008-2012)

イナー、そのあとに、ハッサン・ビン・タラール、その他にもいろんな方が、会長となっておられます。最初の図1で紹介されておりますアレキサンダー・キングも、のちに会長になっておられます。

その後、図4にありますように、インドのコシュラ、そしてドイツの企業家であるコーバー、この2人は、2008年から12年にかけて共同会長をしておりました。ルーマニアのブカレストで会ったときにこういった人たちが、新しい会長候補者を選んでいると言いました。しかし、実際に会合が行われたときには、その候補者の中に有名な人は特にいませんでした。

私の友達であるアンダース・ウィクマンと、私、そしてコシュラとで、一体どうしようかと、これから誰を会長にしようか、という話になりました。私もいろんな人の名前を、候補者として出して、会長になれる人、こういう人がいるよ、と話をしました。しかし半年とか時間がかかってしまう――本当に意見をまとめるためには、時間がかかる――。そこで、コシュラたちに続けてくださいと言いました。しかしコシュラさんはノーと言いました。ローマクラブを存続させるためには、あなたが会長を引き継ぐしかない、と

図5

2012年以降、私はスウェーデンの
アンダース・ウィクマン博士とともに会長を務めている

アンダース・ウィクマン
元欧州会議議員

……そして2014年からは
グレーム・マクストンを
事務局長として迎えている

言われて、ちょっとショックを受けました。私はもともと、共同会長になるつもりはまったくなかったのですが、最終的にはそうなってしまいました。問題は、当時本当にローマクラブはもう破産寸前といいますか、破綻寸前の状態だったんです。しかし、私は成功裏にお金を集めることができました。そしてウィクマンと一緒に頑張って、いろいろな変革を行いました。2014年からは、グレーム・マクストンさんという、スコットランドの人を新しい事務局長として迎えることができました（図5）。

　そして戦略的に、クラブの若返りも図っています。デイム・エレン・マッカーサー、図6で一番右の人ですが、この人は、ヨットの競技において一人で世界一周したという、世界チャンピオンでもあります。イギリスでは人気のある人でしたが、ある時点で彼女は、もうヨットはやめて、他のことをしたいというふうに考えました。そして私財を投げ打って、エレン・マッカーサー財団、という財団をつくりました。そこは循環経済を実現するところです。今までの一方通行の経済とは違って、すなわち、使った資源をすべて無

図6

ローマクラブの戦略的な若返り

マイケル・ドルセイ博士　マーヤ・ゲーベル博士　チャーリー・ハーグローブス博士　デイム・エレン・マッカーサー
（アメリカ）　　　　（ドイツ）　　　　（オーストラリア）　　　　（イギリス）

図7

何人か有名な人たちも迎えた

マティス・ワケナゲル博士　ジョセフ・スティグリッツ教授　林良嗣教授　アルフレッド・リッター
（エコロジカル・フットプリント提唱者）　（ノーベル経済学賞受賞者）　（交通工学専門家）　（「チョコレート王」）

駄にしてしまうような一方向の経済ではなく、コンセプトとして、循環する経済、持続可能な世界を実現しよう、そういう財団をつくったのです。

　そしてその他にも、何人か有名な人たちを迎えています。図7の一番左のワケナゲルが、いわゆる「エコロジカル・フットプリント」を提唱した人です。それから、ノーベル賞を受けたスティグリッツは、経済学者です。そしてもちろん、私の大事な友人である、名古屋大学の林良嗣先生もそうです。こちらに写っていますね。素晴らしいことです、先生に入ってもらえて。そ

れからドイツのチョコレート会社の CEO にも入っていただいております。アルフレッド・リッターです。彼が私たちの活動に資金提供してくださっています。これも、とても嬉しいことです。

研究成果の報告書、出版活動

　その他にも、新しい本や報告書をいろいろ出しています（図8）。イタリアのウゴ・バルディ──化学および地質学の教授──は、鉱山・鉱業のことを調べました。鉱物はまだたくさん残っている、枯渇はしてない。しかし年々、傾向として、だんだん少なくなってきている。そしてすべて採ってしまうと、害のほうが多くなる。今、例えば銅を1kg採ろうとすると、おそらく、鉱石としては300kgぐらい採ることになる。そしてその間に、中毒も引き起こす。有害物質だからです。ですから、公害をまき散らすことになる。新たに鉱物を採るよりも、もっともっとリサイクルするほうがいいのではないか。それが循環経済です。

　そしてデヴィッド・コーテン先生です。彼が書いた有名な本に、『企業が世界を支配する時』というものがあります。この先生は、宗教とまでは言いませんが、思想的な面から世界の分析をしています。そして、将来を変えるために、物語自体を変えていかなければならない、と示唆しています。非常に重要です。このあと私も話しますが、この先生の思想が重要です。次のクロード・マーティン先生はスイスの人です。熱帯雨林についての本を書かれました。どのようにして熱帯雨林を守っていくか、あるいはその復旧をするか、ということについて報告書を書かれています。

　また、ランダース先生ですが、この人は、実はJ・フォレスターの元のチームの一人です（図9）。1972年から40年を経て、そして2052年の40年前に、素晴らしい本を書いています。前著と同様に、人類の抱えている苦

図8

ローマクラブへの新報告書

2014　　　　2014　　　　2015

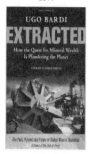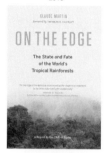

ウゴ・バルディ　　デヴィッド・コーテン　　クロード・マーティン

境について書いていますが、以前のメッセージを現在にふさわしいものにし、これからさらにどのようなことが起こるかについて書いています。

　そして私の友人であるウィクマンさんは『破産する自然』という本を書いていますが、この本では、「責任のない銀行」と「採掘」というのは似ていると言っています。すなわち、基本的に、短期的な視点から今の行動や物事は決められているが、地球を守るためには、長期的な視点が重要だということです。また、インドのアショク・コシュラ先生のチームは、『私たちの未来を選択する』という本の中で、300万の持続可能な雇用を農村でつくろうという提言をしています。それは、今年（2016年）出版されると思います。

図9

　しかし今までの中で、『成長の限界』以来最大の成功、と言われているのが図10のパウリ先生の『ブルーエコノミーに変えよう』です。東京の国連大学での「ゼロエミッション・リサーチ・イニシアティブ」研究のあとで、この本を出しております。副題は「100個のイノベーションで、10年間に、1億人の雇用をつくる」となっています。これも循環経済のコンセプトですが、主にこれを、途上国の現実に当てはめています。南米のコロンビアのようなところを考えてみてください。わかったことは、例えばコーヒーのプランテーションにおいて、バイオマス（生物資源の量）の0.5％だけが使われ、残りの99.5％は無駄になっているということです。

図 10

しかも、カフェインは食べられないわけです。動物でも食べられない。しかし、マッシュルームをコーヒープランテーションの残っている土地に植えたらどうなるか。マッシュルームは、食べられるし、毒はないのです。そうすると、今度は流れ自体が、変わるのです。物資やエネルギーを変なふうに使うのではなく、有効に使えるように流れを変えていくことができるのです。彼は100ぐらいのイノベーションを知っており、1億人分の雇用ができると楽観視しています。素晴らしい話をする方です。この人は日本語もお出来になります。

成長は止まらないか？

それでは、再び成長の話です（図11）。成長とは諸刃の剣です。1972年に『成長の限界』が出版されたあとでさえ、爆発的な成長が起きました（図12）。いろんなことをローマクラブが言ったのに、成長が止まることはあり

ませんでした。その理由は実に簡単です。人口爆発、より健康な生活、そして雇用、繁栄、財源、そういったものがほしいのです。世界中の政治家がそうだと思いますが、成長が嫌いな人はいないと思います。ですから、驚かないでください。成長というのがどんどんどんどん、とめどなく続いていくのは、ある意味で当然なんです。もちろん、日本の江戸時代は違うと思いま

図11

図12

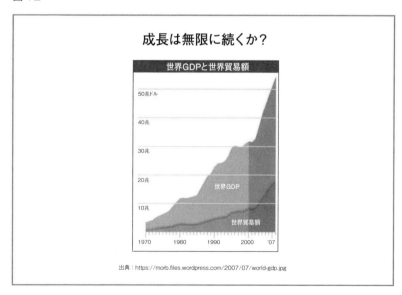

す。日本の江戸時代においては、異常な成長はしていませんでした。日本の皆さんにはその当時の知恵を学ぶことができるのではないかと思います。そして、世界に対して、幸せ、充足、あるいは生活、暮らしというのはそれほど経済成長との関わりがないのだということを、教えていくことができると思います。いずれにしましても、政治的には、そういった意味で成長の継続を志向する傾向を否定することはできませんが、成長するということは、過去50年間で特にそうだったように、経済以外の他のすべての指標も、増えていくことを指しています。

例えば、温室効果ガスの増大、それから生物多様性の損失、これらがどんどんと拡大していく、ということになります。詳細には申し上げませんが、ノーベル賞を受賞したポール・クルッツェンは、次のように言っています。「私たちは、現在、アンソロポシーン(人新世)の時代に生きているの

図 13

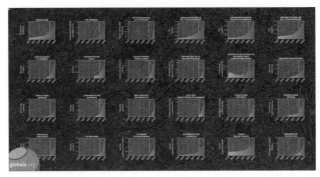

だ」(図13)。人類の時代です。中新世、鮮新世、更新世などの地質学的な時代を経て、今や人類は人新世に至ったと。何百万年にもわたって続いた、こうした古い時代を経て、今や突然に、人間が地質学的な将来すら決定する時代に生きているわけです。地球上における動きの半分は、火山とか、雪崩とか、土壌の損失とかですが、今やもう半分は、人為的な変化です。そして、大気や天候も人間が変えている。利用可能な水の量も、人間が変えています。ですから、今や人類が直接責任をもって、こうした変化を見ていかなければいけないのです。それは簡単なことではありません。

持続可能性の限界と3つの選択肢

　ヨハン・ロックストロームという人物は、『地球の限界』という報告書を出しました。図14を見ていただきたいのですが、持続可能性の評価に関して、いくつかはまだ安全圏にありますが、限界を超えて、持続的な成長ができない段階に入っています。特に生物多様性の損失は、すでに危険水準に達しています。この生物多様性の損失はとどまることなく、どんどん進行しています。すでに持続可能な水準ではないのです。例えば世界70億の人間が一人ひとり、アメリカ市民と同じ水準のエコロジカル・フットプリント（生態系への負荷）をもったとすると、地球が5つ必要になります（図15）。しかし地球は一つしかありません。どうすればいいのでしょうか。
　私たちには3つの選択肢が残されているでしょう。まず一つ目は、世界人口を15億に抑えること。2つ目の選択肢は、消費を劇的に抑えること。私は以前、議員をやっていたことがあります。私は政治家だったわけです。ですからよくわかっているのですが、消費を劇的に抑えるためには、有権者を説得しなければいけませんが、そんなことを言っている議員は誰も支持しないでしょう。3つ目の選択肢は、資源生産性（資源消費量当たりの生み出さ

図 14

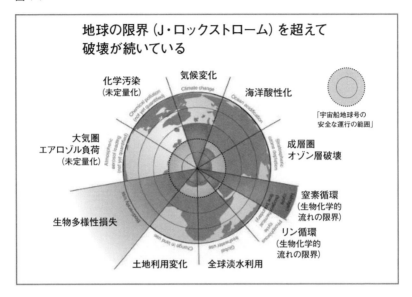

図 15

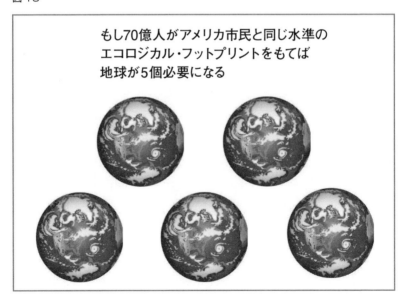

図 16

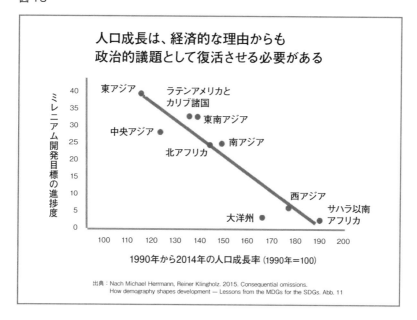

出典：Nach Michael Herrmann, Reiner Klingholz. 2015. Consequential omissions. How demography shapes development — Lessons from the MDGs for the SDGs. Abb. 11

れた経済価値）を5倍にすること。どの選択肢が道徳的に受け入れ可能でしょうか。おそらく、3つ目の選択肢、資源生産性を5倍にするということ、しかないのではないかと思います。3つ目の選択肢であれば、若干のさらなる成長も可能です。

　国連の出版による図16のグラフ、1年前のグラフをご覧ください。世界の9つの発展途上地域を比較しています。横軸には、各地域の過去25年間の人口増加を、1990年を100として示しています。縦軸には、ミレニアム開発目標という貧困解消プログラム（目標年2015年）の各地域の達成度を示しています。東アジアは最も良い成績を収めています。東アジアの国々は人口増加を抑える一方で、アフリカ、特にサハラ（砂漠）以南のアフリカでは、本当に期待のもてない状況に陥ってしまっているように思います。つまり、人口増加はどんどん進んでいるのに、ミレニアム開発目標はまったく達

成されていない、というのがサハラ以南のアフリカ、そして西アジアの状況です。またこうした地域では持続可能な開発目標（目標年2030年）も達成できないでしょう。ですから、経済的な理由だけからでも、私たちは人口を抑制することを考えなければいけません。そのために必要なのは女性の教育です。また、女性の自立を確保することです。そして、ある程度の経済成長は確保しなければいけません。

日本の経験に学ぶ

　そこで、日本は世界に範たる国になると思います。社会は繁栄している、しかし一方で人口減、そして高齢化に直面している国でもある。

　私は昨日の夜、とても幸せな経験をしました。笹川平和財団の方が、ローマクラブの共同会長である私を、招待してくれました。常日頃より、笹川平和財団は、高齢化問題に非常に関心をもっています。そして、高齢化というのが日本市民にとって非常に大きな問題であると考えています。一方、私にとっては、高齢化は非常に大きな希望です。というのも、皆様方は繁栄し、幸せでいられる。つまり、ロボットを開発し、そして、高齢の方々——私も76歳で、高齢者です——が、お金があってもなくても充実した暮らしができるようにする。つまり、人口は変わらず、生態系への影響を抑えることができる、こうした日本のような国は、希望の星だと思います。もしタイ、アルゼンチン、ドイツ、カナダなど他の国々が、日本の現実を学び、どれほど幸せでいられるかを学べば、持続可能な世界人口の実現に向けて大きく歩み出すことになります。

　しかし、それは挑戦でもあります。つまり、日本の方々はご存じのような、機械化、消費、教育、年金制度、その他さまざまな要素を考えた際に、高齢化し、人口が変わらず、生態系への負荷が一定になり、繁栄していて幸

せであるとは、一体どういうことなのか——これらすべてを、きちんと探求し、そして、良い答えを見出さなければなりません。これらに関して、ローマクラブが今後日本と緊密に協力することをとても嬉しく思っています。これは日本だけの問題でなく、世界全体にとっての希望であると考えているからです。昨日の会合ではそのように申し上げました。

　日本はまた、これまで、環境破壊を豊かさや幸せから切り離す「デカップリング」に成功してきました。つまり、60年ほど前は、環境汚染がひどかった。関西の大気汚染、水俣病、イタイイタイ病……本当にひどい状況でした。汚染が多く発生した日本ですが、名古屋だけでなく、東京も、そして関西地域でも、こうした公害を克服し、今やきれいな水を皆様方が飲み、そして川には魚が泳いでいるという状況を享受していらっしゃいます。川の水はとてもきれいです。大いなる達成です。

デカップリングの重要性

　デカップリングこそが、こうした大きな問題の答えになると、私は考えています。私たち国際連合環境計画国際資源パネルでは、デカップリングを重要視し、デカップリングこそが、クズネッツ・カーブのあとを追うべき2つ目のカーブであると考えています。公害については、貧しくてきれいな国から、豊かで汚い国になる。そしてまた、豊かできれいな国になるという、このクズネッツ・カーブがこれまで論じられてきたわけです（図17）。

　ここで2つ、報告書を紹介したいと思います。『デカップリング』というタイトルの、2つの報告書（図18）が出されています。一つ目では、望ましくない発見を報告しています（図19）。横軸が一人当たりGDP、そして縦軸が材料、つまりさまざまな物質の消費量です。この分野では、デカップリングが、それほど成功していないことがわかります。GDPが増えるにした

図17

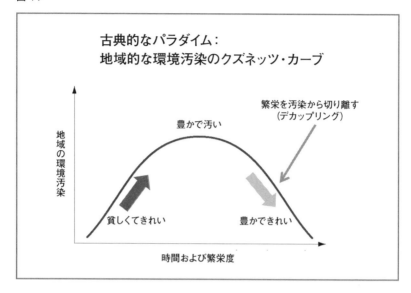

図18

がって、さまざまなものがたくさん消費されている、という状況が、まだあるわけです。一人当たり GDP が増えるほど、GDP 当たりのエネルギー消費量（CO_2 排出量）も増えています（図 20）。

今、私たちに必要なものは、脱炭素化、そして脱物質化に関するクズネッツ・カーブです（図 21）。つまり、豊かであって、かつ物質の使用量は少なく、CO_2 の排出量も少ないという状況をつくらなければいけない。これが循環経済のコンセプトです。しかしこれだけでは不十分です。私たちは、途上国の CO_2 排出が多くなるという局面を迂回して、豊かでも CO_2 排出量が少ないという状況にするのを支援する必要があります（図 22）。もし人類がまず豊かだが汚い丘に登れば、気候やその他の問題が手遅れになるでしょう。

図 19

図20

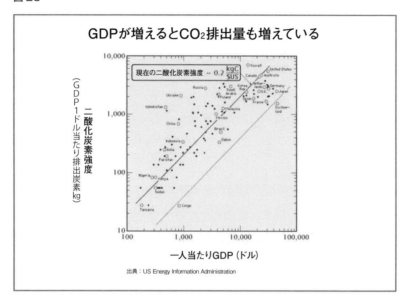

図21

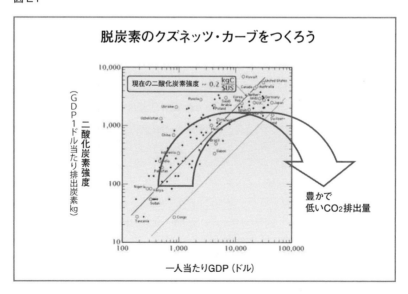

図22

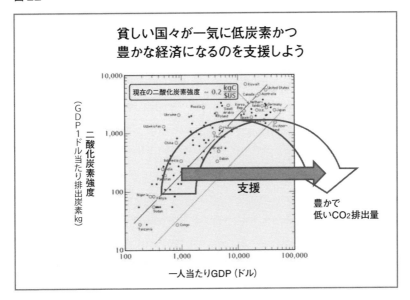

　COP21（国際連合気候変動枠組条約第21回締約国会議）がパリで行われました（図23）。本当に大きな前進がありました。このCOP21で、私が特に重要だと思うのに、残念ながらメディアであまり報道されなかったことがあります。それは「カーボン・プライシング・リーダーシップ・コアリション（CPLC）」（二酸化炭素排出への価格付けを推進する連合）というものができたことです。このCPLCは、もともと世界銀行の総裁が出した考えですが、フランス、ドイツ、メキシコ、チリ、そしてカリフォルニアが入っています。さらに多くの国際的な企業、そしてNGOも参加して、発足しました。韓国人で、世界銀行総裁のジム・ヨン・キムさんは、ダボスの世界経済フォーラムでこう言いました。「炭素への価格付けを求める声が多く出てきている。今こそ行動しなければいけない。行動しなければ、決して脱炭素化に関するクズネッツ・カーブはできない」（図24）。

図23

- パリでのCOP21 (国際連合気候変動枠組条約第21回締約国会議) は未来に向けた大事な一歩
- とくに、「Carbon Pricing Leadership Coalition (CPLC)」(二酸化炭素排出への価格付けを推進する連合) が重要
- フランス、ドイツ、メキシコ、チリ、カリフォルニア、および約90の多国籍企業とNGOが参加して発足

　そしてこちらが、『ファクター5』です (図25)。この本の内容に関しては、すでに先ほど触れました。これは資源の生産性を5倍にするというもので、技術的にはもはや、可能になっています。吉村皓一先生、こちらにいらっしゃると思いますが、日本語版を出版するときにお世話になりました。感謝申し上げます。この本の内容はとても楽観的です。カールソン・ハーグローブス等、オーストラリアのチームとともに書いたものです。ハーグローブスさんの基本的なメッセージは「私たちは、いわゆるコンドラチェフの波 (技術革新の周期)、新しい波に入って行かなければいけない」ということです。来るべき波は、環境に関するものでなければなりません (図26)。

　この会場には、エンジニアの人がいると思われます。エンジニアの人たちの中には、新しい次のコンドラチェフの波は、ビッグデータだと言う人もいると思います。ビッグデータの波もきっとあるでしょう。でも、デカップリングのコンドラチェフの波のほうが、もっとわくわくします。特に、将来世代には、そうだと思います。そういった意味で、名古屋大学の環境学研究科は、名古屋やいろいろなところにある第一級の技術を使って、大きな貢献を

図 24

世界銀行総裁ジム・ヨン・キムが
炭素価格付けをリード

「炭素への価格付けを求める
声が多く出てきている。
今こそ行動しなければいけない」

世界経済フォーラム
2014年1月23日

図 25

2009　　2010　　2010　　2012　　2013　　2014

『ファクター5』
資源生産性を5倍にすることは技術的に可能である

図26

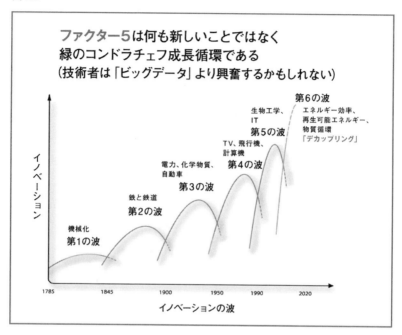

することができると思います。非常に大きな野望です。

リバウンド効果

しかし、そこに手ごわい問題があります。それは「リバウンド効果」です。赤﨑先生もご存じかもしれません。私は本当に、LED（発光ダイオード）の発明、特に青色のLEDに関しては、素晴らしいと思っています。しかし、疑問に思っていることがあります。それはこのLEDによって電力の需要は減るかということですが、答えはNOです（図27）。なぜかと言うと、照明がもっと増えるからです、これは人類の性だと思います。すなわち、手に入りやすく、しかも、安くなったら、使用が増えるのは、当たり前のこと

図27

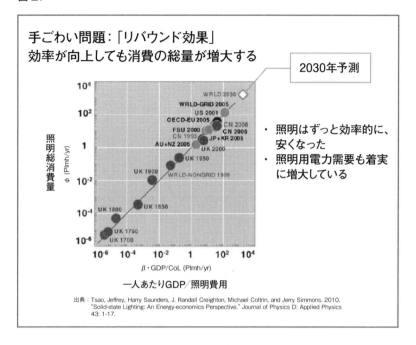

です。これがリバウンド効果です。この300年ほどの間に、照明の効率は1億倍良くなったが、その需要も1億倍増えている、ということです。例えば夜間に人工衛星から地球を見てみると、いたるところに今は光があるわけです。これが大きな問題です。ですから、LEDの、あるいはその他の技術の大きな革新とともに、この問題を解決することが重要です。

歴史を見たときに、このリバウンド効果が起こるときにはいつも、資源の価格が下がっています（図28）。というのは、多くの技術革新によって、効率が良くなり、より安価に資源を汲み上げ、掘り、運び、そして精製できるようになるからです。最終消費者にとっては、それによりもっと安く、たくさん資源が手に入ることになります。

特に過去50年を見てみると、こちらのように、資源の価格は大きく下

図28

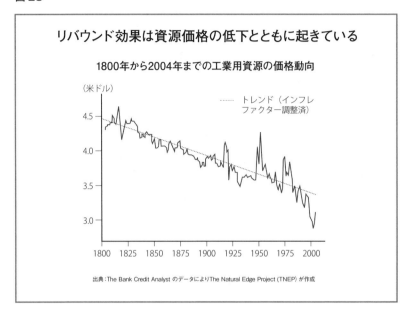

がっています(図29)。この下半分の図です。そしてそのときに、まさに爆発的に、エネルギーや資源の消費が増えています。先ほど説明した、照明と同じ現象です。あとで説明しますが、このリバウンドへの、そして資源の限界への戦略として、資源の価格を意図的に上げるべきだと思っています。ただ、これは政治的な側面をもっています。技術進歩があるほど、逆に価格は下がります。政治的にエネルギーや資源の価格をもっと高くすること、人為的に価格を上げるということが、戦略として重要だと思います。皆さんの直観に反するかもしれませんが、値上げは、皆さんの繁栄と幸せにとっても良いことだと示すことができます。それは、事実なのです。

図29

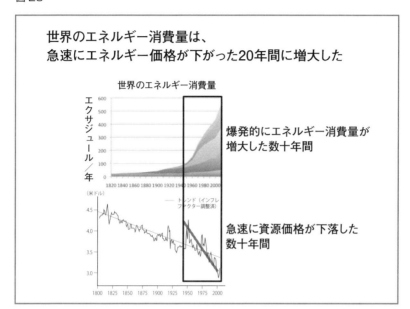

今後の戦略的な報告書

　それでは、ここから戦略的な報告書についてお話しします（図30）。今、仮称で、『来たれ、持続可能な世界の実現に向けて』という報告書をつくっています。これは、ローマクラブが外部の専門家に委嘱して書いてもらう45番目の報告書ではなく、私たち自身が執筆する報告書になります。執行委員会が前書きを書き、その中で、私たちの報告書であると、宣言します。もちろん現実的な理由から、主執筆者が必要であり、ウィクマンとともに、私がそれを務めます。3部構成を考えています。第1部においては、現在の傾向では十分ではない、持続可能ではないということを証明します。先ほど申し上げましたように、5つの地球が必要だなどということは、持続可能ではありません。そして第2部は、思想に関する危機です。現在の思想的状況

図30

> ローマクラブでは
> 現在、新たな戦略報告書を策定中
>
> **仮題：『来たれ、持続可能な世界の実現に向けて』**

の下では、この持続不可能な傾向は変わりそうもないからです。そして第3部は、「来たれ」ということで、いろんな素晴らしい解決策がありますよ、という話をしたいと思います。

　いくつか内容をご紹介します。まず、ハーマン・デイリーです。ローマクラブの以前の会員で、今は名誉会員であり、経済学者ですが、彼には、「充満した世界対空っぽの世界」について書いてもらいます。ハーマン・デイリーが経済学者として、そして歴史家として、見出したことを簡単に言ってしまいますと、こうなります。それは、経済学におけるすべての理論や教義がつくられたのは、世界がまだ空っぽだったときである。すなわち、人類が本当に、その地球の中の一部にしかいなかった時期につくられたものです。そして、現代のように拡大する経済においては、それはもう違うのです。まだ経済が少しずつしか拡張しなかったときはそれでよかったかもしれないが、当時つくられた経済学の教義は、今は使えないのです。このとても簡単な理由で、今、異なった経済学を必要としているのです！

　そして「ラウダート・シ」（神をたたえよ）です（図31）。ローマ法王は全司教宛の手紙を通じて、ある意味では素晴らしい説教をしています。そこで法王は、経済活動、資本市場、そして個人の強欲や利己心などの人類の誤った行動を酷評しています。また、人類共通の家である惑星地球は破壊さ

図31

れつつある、だから私たちの考え方を変えなければいけない、と述べています。おそらくこれから「啓蒙思想2.0」(ジョセフ・ヒース)が必要ではないかという話です。

そして「ブルーエコノミー」「ファクター5」、それから、中国の第13次5か年計画であるとか、いろんな政策の選択肢を第3部で展開していこうと思っています。

経済学の再考

そして「経済学の再考」ですが、再考するためには、その一環として、有名な経済学者たちが書いた著書を読み、考察する必要があります。ここで考察するのは、アダム・スミス、デヴィッド・リカード、そしてチャールズ・ダーウィン(ワイツゼッカーは、ここでダーウィンを経済学者として論じている)です。

図32

アダム・スミスにとって
市場（「見えざる手」）の
地理的な範囲が
法と道徳が及ぶ範囲と
一致することは自明であった！

出典：Blogs.telegraph.co.uk

　まずアダム・スミスに関してですが、彼にとっては、市場の届く、いわゆる「見えざる手」の届く地理的な範囲は、法や道徳の届く範囲と同一であると、当時考えていました（図32）。そして、そうすれば法や道徳と、市場や利己心とが釣り合うだろうと考えました。そうだったらいいわけですが、現在はもうそのような状況ではありません。市場は地球規模になりました。そして法律はいまだに国家単位です。道徳もそうです。釣り合いが失われた現在、2つのことが重要です。一つはまず、国際法が必要です。もう一つは、市場の届く範囲を拡大するのでなく、縮小することです。
　その次はデヴィッド・リカードです（図33）。彼は国際貿易の英雄です。彼の説によれば、「比較優位性」というのが国にはある。比較優位性があるがゆえに、それぞれの国において、自分たちの得意な産品を交換するという行為が起こる。そして彼の考えは、例えばポルトガルで、ワインやブドウをつくって、余った分を輸出する。そしてイギリスは、例えば繊維を国内で使うより多くつくる。そしてその2か国の間でワインやブドウと、繊維を交換することによって、両方とも豊かになる、というものです。素晴らしい考えだと思います。しかしながら、彼が考えていなかったのは、資本です。資本は動かないと、彼は思っていました。資本が越境して動くとは思えなかった

図33

デヴィッド・リカードにとって、
資本は国境を越えて動かず、
商品だけが動く、
それで「比較優位」を重視

出典：david-rick.blogspot.com

のです。ところが、今日はどうでしょうか。現在、国際貿易の98％は、資本の収支で動いているのです。この間知りましたが、例えば貨物船です。石炭がいっぱいあるとします。オーストラリアからヨーロッパに、仮にロッテルダムかどこかに石炭を積んでいくとします。その航行の間に、5回も10回も石炭の所有権が変わります。つまり、資本を使った投機によって、世界中で、1000分の1秒単位で、何回も取引が行われているのです。その投機によって、輸送中の石炭主がどんどん変わる。すなわち現実の世界を支配しているのは資本です。私たち人間は主人でなく資本の奴隷になってしまっているわけです。これでは立ち行きません。もしそうだとしたら、リカードを引用してはいけません。彼の言ったことは逆ですので。

最後にチャールズ・ダーウィンです（図34）。私は、生物学はよく知っていますので、ダーウィンのこともよく知っています。ダーウィンにとっての競争というのは、それほど重要ではなかったのです。ダーウィンの考える競争というのは、限られた空間でのものであって、地理的な境界が存在することによって、進化に追い風が吹いたと、彼は考えていました。ガラパゴス諸島で、彼は自分の説が正しいということを、確認したわけです。つまり、その進化を促したのは競争ではなく、たとえ競争だったとしても、それは限ら

図 34

- チャールズ・ダーウィンにとって、競争は地域的なもの
- 地理的境界が進化を促すと考えた
- ガラパゴス諸島で実によく確認された

出典：falmouthartgallery.com

図 35

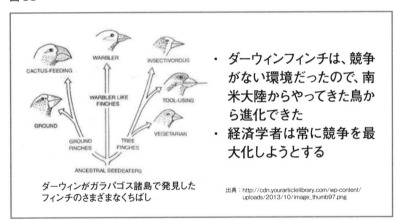

ダーウィンがガラパゴス諸島で発見したフィンチのさまざまなくちばし

- ダーウィンフィンチは、競争がない環境だったので、南米大陸からやってきた鳥から進化できた
- 経済学者は常に競争を最大化しようとする

出典：http://cdn.yourarticlelibrary.com/wp-content/uploads/2013/10/image_thumb97.png

れた地理的空間での競争であると。

　このダーウィンフィンチという鳥、これはガラパゴス諸島に点在している鳥で、何年も前から調査の対象となってきたのですが、例えば、オウムのような形にくちばしが進化をしたフィンチもいました（図35）。ところが、まわりの環境に本物のオウムがいたら、こんなふうにはならなかったでしょう。あるいはそのフィンチの一部が、道具を使うことができるように進化を

しました。彼らはサボテンの棘をもってきて、これをそのくちばしの先にくわえて、木の中に深く入り込んだ虫を捕ろうとしました。つまり、くちばしを道具によって伸ばしたのです。しかし、それがもともとできるキツツキがもしまわりにいれば、こうした進化は可能でなかったと思います。ですから、ダーウィンにとっては「競争の不在が進化を後押しした」ということになります。競争の不在というのが、進化の重要な要素であったということです。

しかしこのようには経済学者は考えないようです。経済学者は、競争は善であるといつも言っています。競争は最大化しなければいけないと、いつも言っています。そうしないとみんなが幸せになれないというのです。まあ、それも一理あるとは思います。しかし私の妻（クリスティーネ・フォン・ワイツゼッカー、生物学者）もここにおりまして、他の「ネオ・ダーウィニズム」という学説の中でも、競争を制約することが重要な要件となって進化が活性化される、ということが言われており、彼女は知っているのではないかと思います。経済学者の書く本とはまったく別のことが、こうしたダーウィン的な理論の中では言えるわけです。

新たな啓蒙思想

このような思想的問題に答えるため、新たな啓蒙思想を提唱しています。18世紀のもともとの啓蒙思想というのは、当時素晴らしかったのですが、今では希釈化され、本質的には利己心と市場に対する賞賛へと変わってしまいました。これではだめだと、私はこれまで申し上げてまいりました。私たちは、新たな「啓蒙思想2.0」を必要としています。

啓蒙思想2.0では、もっと釣り合いが必要です。宗教的な側面——これについてはあとで申し上げたいと思いますが——も含めて、必要です。どうい

う釣り合いを啓蒙思想が求めているか。まず短期と長期の間における釣り合い――もちろん短期的な成功も必要ですが、今この水が手に入るのと、長期的に必ず水が手に入る状況をつくるということは、まったく別なものです。ですから、きちんと警告を発していかなければいけません。水は有限であるということ。そしてまた持続可能で合理的なかたちで、水をきちんと手に入れることができる仕組みをつくらなければいけません。

　また、公と私の間の釣り合いも必要です。アダム・スミスの思想を先ほど説明しましたが、市場の地理的な範囲と、国の制度や法律による制御との間に釣り合いがとれていなければいけない、ということです。今日の世界では、釣り合いがなくなってしまっている、非常に危険な状態だと思います。そしてまた、宗教と国家の間のバランスも必要です。これは、現在フランスでもその他の国でも、非常に論議の的となっていることですが、この宗教と国家の議論をせずして、私たちは生きていくことはできません。また女性性と、男性性の間の釣り合いも、現実を直視してつくっていく必要があります。すべて釣り合いが必要なのです。

　私はアジアを多く旅行してまいりました。そして私が考えますに、アジアの方々にとって、皆さん方にとって、皆さん方の思考は、非常に釣り合いのとれたものだと思います。西洋よりも、特にイスラムを含むアジアのほうがより釣り合いがとれている。その具体例としては、「男性性」「女性性」で考えますと、この「陰陽」というものがアジアにはあります（図36）。これは、とても釣り合いのとれた思想であると考えます。私はとても素晴らしいと、いつも思っていました。

　そしてこれから出す本の第3部は、こうした素晴らしい解決策を模索するものとなります。ブルーエコノミーは、その一つです。循環経済も、その一つです。ファクター5も、その一つです。そして持続可能な発展に向けた投資も必要です。そして、新たな価格設定のあり方についても、あとでお話し

図 36

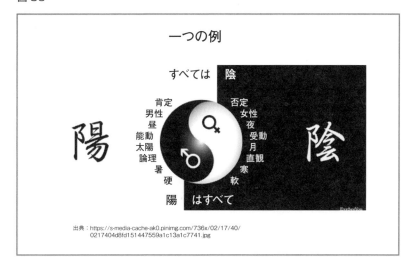

したいと思います。また、持続可能な文明に関する教育も必要ですし、新たな考え方、新たな啓蒙、新たな政治、新たなビジネスをつくることも、必要です。20にも及ぶさまざまな解決策が、報告書に提示されることになります。この70億にのぼる人が、すべて啓蒙されるのを待つ必要はありません。私たちは今始めることができるし、実験から学ぶことができるのです。

新たな価格制度

解決策のうちの一つを、今日はご紹介申し上げたいと思います。「新たな価格制度」という、非常に議論を呼ぶ解決策です。これは私が実際に中国で行っていたものです。エネルギーと資源の価格を、記録された平均的な効率（資源生産性）の上昇率に合わせたかたちで、徐々にゆっくりと上げていく、というものです。実際には世界市場でエネルギー価格は下がってきているわけですから、それを補償するために、エネルギー税を課す、あるいは鉱物税

図37

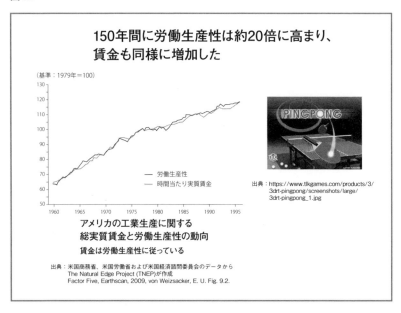

150年間に労働生産性は約20倍に高まり、賃金も同様に増加した

アメリカの工業生産に関する
総実質賃金と労働生産性の動向
賃金は労働生産性に従っている

出典：米国商務省、米国労働省および米国経済諮問委員会のデータから
The Natural Edge Project (TNEP)が作成
Factor Five, Earthscan, 2009, von Weizsacker, E. U. Fig. 9.2.

を課すという考えです。多くの人たちは、非常に不人気で不快な、産業を破壊し、貧しい人々に対して破滅的な仕組みであると思い、この制度を嫌います。しかし、事実は逆であることを示したいと思います。

　私が提案をしているのは、例えばピンポンのような状況をつくりたい、ということです。産業革命の当時、こうした釣り合いのとれたピンポンは、すでに達成されていました。具体的に言いますと、例えば、賃金の増加というのは、労働生産性の向上を必ず後追いします。労働生産性が上がれば、労働者は、高い賃金を求めることができるわけです。そして賃金が上がるということは、資本が必要となる。産業は、それを賄う資本を必要とします。そして、労働生産性を高めなければいけなくなる。この良い循環が回っていくわけです。このようなかたちで、産業革命以降150年にわたって、このピンポンが演じられてきました。その結果として労働生産性は、この150年の間で

図 38

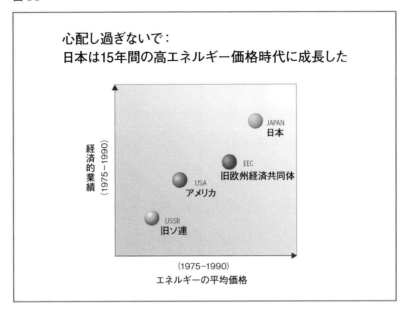

20倍になりました。これは、大変素晴らしいことだと思います。そして私たちは、その繁栄を享受することができるようになったのです。

　しかし現在、労働というのは供給過剰になっていたり、あるいは、もうすでに効率が高かったりして、これ以上効率を上げるのは難しいかもしれない。そして、その雇用でもさまざまな問題が生じています。スペインでも、その他の国でも、失業率が高い。特に若い人の失業率が高い。2人に一人が職をもっていません。それでも、ナイジェリア、アルゼンチンよりは良い数字です。ですので、今や古いタイプのピンポンではだめなので、新しいタイプのピンポン——エネルギー、そして資源を対象とする、新しいピンポンをつくっていかなければいけません。

　日本の方は、心配される必要はないと思います。私は先ほどエネルギー価格を徐々に上げなければならないと申し上げました。しかし日本では怒濤

ローマクラブからの新たなメッセージ　53

の80年代の間、世界でも最も高いエネルギー価格に苦しんでいました（図38）。その結果どうなったでしょうか？　日本はこうしたエネルギー価格が非常に高かった時代に、技術革新を生み出しました。そして、新幹線のネットワークを日本中に構築いたしました。第5世代コンピューターも、ハイテクのセラミックスも、つくりあげました。デジタルカメラも生まれました。すべてのものが日本で開発され、発明されてきたのです。そしてその結果、日本は世界の憧れの的となり、世界のお金が日本に集まるようになりました。1980年代ですが、東京における皇居の価格というのは、不動産の価格としては、カリフォルニア州、州全体の不動産の価格に匹敵すると言われていたと思います。素晴らしいと思いませんか？　日本は、日本が王であると、その当時は考えていたわけです。日本はなんでもうまくやってのけると考えられていたわけです。そして当時、日本は高いエネルギー価格にとても苦しみながら、それをやってのけたわけです。ですから、心配する必要はないと思います。

　しかし今私が申し上げた、「エネルギー価格を徐々に上げる」というこの戦略の例外が2つあります。一つは、貧しい国において、基本的な必要を満たす電力料金は補助金の対象として、むしろ価格を低くするような料金体系にする。これは南アフリカで成功しています。もう一つは、ある産業部門からの税収中立（増税額と減税額／補助金増額を同じにすること）です。地球環境全体から見れば、化学物質を出す企業が、エネルギーが安いという理由である国から別の国へ移転したとしても、意味がありません。それではどうすればよいでしょうか。

スウェーデンの成功例

　スウェーデンでは、その成功例をもっています。90年代初めの頃のス

ウェーデンは汚染に苦しんでいました。そして、スウェーデン政府は、窒素酸化物に非常に高い課税をしました。こうした高い税金をかけられて、スウェーデンの産業は、これは生き残れない、私たちは国の外に出ていきます、と言いました。日本やドイツの競合者は汚染物質に対してその税金を払っていない、このままでは負けてしまう、とスウェーデンの企業は言いました。しかしスウェーデン政府は言いました。残ってください。課税はしますが、しかし、皆さん方が新たな価値を提供してくれれば、助成金を出します。皆さん方が効率を上げることによって付加価値を提供してくれれば、スウェーデン政府からなにがしかのお金をあげますと言ったのです。

そしてその結果として、健全な競争が始まりました。スウェーデンの産業は付加価値をつけ、そして政府からお金をもらおうと頑張りました。結果として、窒素酸化物をなるべく削減しようという競争が行われ、その結果、スウェーデン企業は1スウェーデン・クローナも失うことがありませんでした。スウェーデンから外へ出ていく人は誰もいませんでした。そして10年たったあと、10年前に比べてスウェーデンの産業の競争力はかなり高まりました。このようなかたちで、その国の空洞化という問題に対処したのがスウェーデンの成功例です。そして、その結果として資源生産性を高めるためのさまざまなインセンティブ（誘因）もつくられるようになりました。

おわりに

このように、資源を対象とした新しいかたちでのピンポンをうまく行うことによって、私たちは、平均的な資源生産性の値を40年かけて5倍に高めることができる。そして、リバウンド効果も避けることができるのです。これによって、LEDを将来の世代に対して、うまく使うことができるわけですので、こうした新しいやり方の先陣を切って踏み出す国というのは、一番

乗りであることの特典を享受することができます。日本もそうなりたいと思いませんか？　日本が一番乗りで先陣を切っていくことによって、日本にも世界にも利益をもたらすことができるでしょう。

　最後に、ローマクラブの日本支部は一時期活動が停滞していましたが、しかし、かつての活気を取り戻していることを嬉しく思います。昨日、夕食をご一緒させていただきましたが、小宮山先生、そして林先生が、ローマクラブの正会員でいらっしゃいます。そして、もっと多くの方が、長期的な持続可能性という思想に耳を傾けてくださることを心から祈念して、終わりにしたいと思います。ありがとうございました。

ローマクラブに参画して

林　良嗣
（中部大学総合工学研究所教授、ローマクラブ・フルメンバー）

ローマクラブとは

　ローマクラブ[※1]は、世界の知識を代表するシンクタンク組織として、イタリアの企業家、アウレリオ・ペッチェイ氏が「指数関数的に増加していく地球の人口に対して、見合った量の食糧を増産するために耕地面積を指数関数的に拡大することは不可能であり、人類が重大な危機に瀕する」と唱え、これに学者や政治家なども呼応して1968年にローマで設立されました。1972年に出版されたレポート『成長の限界（The Limit to Growth）』（図1）により世界中の人々に知られるところとなり、直後の1973年に石油ショッ

図1　成長の限界グラフ（1972年、ローマクラブ）

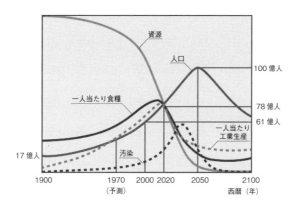

クが起こると、資源枯渇問題が現実のものとなり注目を浴びました。

1968年の設立当時、日本から大来佐武郎氏（のちに外務大臣）が参画しています。氏はローマクラブの活動を通じて、80年代初めに国際連合環境計画（UNEP）[※2] に対して、地球環境の問題に対処する委員会を設立すべきであると提唱し、これがSustainable Development[※3] の概念を打ち出したブルントラント委員会[※4] の設立につながる大きな貢献となりました。

元国家元首、活動家など多彩なメンバー

ローマクラブのフルメンバーは、世界各地の政治家、企業家、学者おのおの約30名ずつの100名で構成されています。著名なメンバーとして、ミハイル・ゴルバチョフ氏（旧ソビエト連邦）や故リヒャルト・フォン・ワイツゼッカー氏（ドイツ）のような国家元首経験者、日本人では緒方貞子氏（元国連高等弁務官）などが名を連ねていました。故ネルソン・マンデラ氏（元南アフリカ大統領）と人権問題に取り組んだマムフェラ・ラムフェレ女史のように、Activist（活動家）と肩書きのあるメンバーも何人かいます。新しいメンバーには、コロンビア大学のジョセフ・スティグリッツ氏（2001年ノーベル経済学賞受賞者）、マティス・ワケナゲル氏（エコロジカル・フットプリント[※5] の提唱者）らがいます。日本からのフルメンバーは現在、小宮山宏氏（元東大総長）、野中ともよ氏（ジャーナリスト）と私の3名。アジアからは他にアショク・コシュラ氏（UNEP資源パネル議長）ら2名が加わり計5名在籍しています。

写真1　名古屋大学名誉博士称号授与イベントにて、ワイツゼッカー氏（前列中央）と松尾総長（左から2人目）ら

世界の Problematic（著しい困難）解決方針の提示

　ローマクラブは、世界の Problematic（重大事項）を扱っています。人口資源、環境、貧困・所得格差、人権などの問題について分析し、世界各地で討論会を催し、その結果を著書などの形でローマクラブレポートとして次々と出版しています。2016年2月、名古屋大学名誉博士称号を授与された（写真1）[※6]共同会長のエルンスト・フォン・ワイツゼッカー氏の著書『ファクター4』は、その代表的なレポートであり、世界13か国語に訳されています。これは、「資源消費を半減しながら、豊かさを2倍にする」という明快な概念を提示し、多くの具体例を交えて解説した名著です。今年（2016年）のローマクラブ年次総会では、EUや途上国の政治ガバナンス、エネルギー転換と経済、気候変動と居住適地などの問題が議論されます。

　ローマクラブによる人口資源問題に関する検討の大きな流れは、人口と資源のギャップを警告した『成長の限界』に始まり、「GDP／資源消費の効率」（efficiency）の目標を示した『ファクター4』、そしてその続編の『ファクター5』では「QOL[※7]／資源消費」（sufficiency）へと進化してきています。

QOL アプローチの役割

QOL 指標体系の主導者であるジョセフ・スティグリッツ氏は国・地域全体の所得、健康、安全などによる幸せ度を測っていますが、私は、QOL を、個人属性、場所の空間特性の組み合わせごとに算定してきています。

市街地に人が住んで QOL を維持するには、インフラの維持費がかかります。日本では、人口減少局面にさしかかっているにもかかわらず、市街地は相変わらず拡大し、インフラの維持費も増大しています。21世紀末までに人口が半減するなら維持する市街地も半分に縮退させること（ファクター2）を達成しなければなりません。そこで、QOL／インフラ維持費を指標として、コンパクトに市街地を縮退すること（スマートシュリンク）（図2）

図2　自然と社会の変化を受けて、次世代に継承できる
　　　コンパクトな市街地づくりが求められる

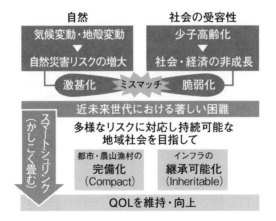

を推奨しています。日本よりもさらに急速な人口減少が予想されるアジアでの Problematic への対応のために、この考え方をローマクラブを通じて今から普及し、役立てようと思っています。

可能性を秘める名古屋大学

　21世紀に入って、名古屋大学ゆかりの研究者が次々とノーベル賞を授与され、名大の一つひとつの専門領域を極める能力の高さを示しています。一方で、ローマクラブが提示してきたような Problematic は、一つの専門領域だけでは解決のできない困難な問題群です。

　これに対して、名大にはこれらを解決する学理を探求する融合型学問を取り扱う国際開発研究科、環境学研究科、情報科学研究科などもあり、大きな実績を上げてきています。私が在籍した環境学研究科は、世界の Problematic の典型である環境、災害を探求するために、理学、工学、人文科学を横断する融合学理「臨床環境学」を志向する組織として世界でも稀有な存在であると、研究科の国際外部評価委員でもあったエルンスト・フォン・ワイツゼッカー氏から高い評価をいただいています。

　昨年9月に国連に各国首脳が集まって承認した SDGs（Sustainable Development Goals）（図3）[※8] がスタートしました。欧州や途上国の知識人には、こうした世界共通の理念を強く意識している方が多く見られますが、日本人にはいまだその意識が希薄であると感じられ、そのことが世界で活躍することの妨げになっていると思います。名古屋大学が学術憲章で謳っている勇気ある知識人のあるべき形の一つは、世界が現に苦しみ悩んでいる課題（Problematic）に自らの深い学識と異なる分野・領域の人々とヒューマニティを共通基盤として連帯する力で立ち向かう、まさに

図3 貧困や飢餓、エネルギー、気候変動、平和的社会など、持続可能な開発のための17の目標

ローマクラブが求めている人材です。名古屋大学で学ぶ皆さんは、いかなる領域・分野を専攻している方であっても、専門を深化させると同時にグローバルな視点と多様な異分野との交流を身につけてください。また、卒業生の方々には、民間、国際機関、NPOのいかなる場所で働く人も、世界Problematicを理解して活動してください。このようにして名古屋大学から、多くの活躍する人材を輩出していってもらいたいと思います。

※1　ローマクラブ……次のWebページを参照。http://www.clubofrome.org/members-groups/full-members/
※2　国際連合環境計画（UNEP）……1972年「かけがえのない地球」をキャッチフレーズに開催された国連人間環境会議の提案を受け、同会議で採択された「人間環境

宣言」および「環境国際行動計画」を実施に移すため、同年の国連総会決議に基づき設立された機関。

※3　Sustainable Development……持続可能な開発。環境と開発を互いに反するものではなく共存し得るものとして捉え、環境を破壊することなく将来の世代の欲求を満たしつつ、現在の世代の欲求も満足させるような開発。

※4　ブルントラント委員会……1984年国連に設置された「環境と開発に関する世界委員会」のこと。委員長で、のちにノルウェーの首相となったブルントラント女史の名前に由来。21人の世界的な有識者により構成され、委員個人の自由な立場で討議を行った。

※5　エコロジカル・フットプリント……人間の生活や事業などがどれだけ自然環境に依存しているかを、自然資源の消費量を土地面積で表すことでわかりやすく伝える指標のこと。

※6　名古屋大学名誉博士号の授与……下記Webページで、ワイツゼッカー教授名古屋大学名誉博士称号授与記念講演の動画を閲覧できる。http://ocw.nagoya-u.jp/index.php?lang=ja&mode=g&page_type=romeclub

※7　QOL……Quarity of Life＝生活の質。ある人がどれだけ人間らしい生活や自分らしい生活を送り、人生に幸福を見出しているか、ということを尺度として捉える概念。

※8　SDGs（Sustainable Development Goals）……持続可能な開発目標。貧困を終わらせ、すべての人が平等な機会を与えられ、地球環境を壊さずに、より良い生活をできる世界を目指す。

（「名古屋大学環境報告書2016」より転載）

第2部
トークセッション

持続可能な未来のための知恵とわざ

エルンスト・フォン・ワイツゼッカー

赤﨑　勇

小宮山　宏

天野　浩

林　良嗣

飯尾　歩

持続可能な未来のための知恵とわざ

エルンスト・フォン・ワイツゼッカー（ローマクラブ共同会長）
赤﨑　勇（名古屋大学特別教授、名城大学終身教授、ノーベル物理学賞受賞者）
小宮山　宏（三菱総合研究所理事長、ローマクラブ・フルメンバー）
天野　浩（名古屋大学未来エレクトロニクス集積研究センター長、ノーベル物理学賞受賞者）
林　良嗣（名古屋大学環境学研究科教授、ローマクラブ・フルメンバー）
飯尾　歩（中日新聞論説委員）

　授与式当日の第3部として行われた、日本工学アカデミー・トークセッション「持続可能な未来のための知恵とわざ」を掲載する。コーディネーターとして、ローマクラブ正会員の林良嗣名古屋大学教授と、中日新聞論説委員の飯尾歩の2名が進行する。

飯尾　トークセッション「持続可能な社会に向けての知恵とわざ」を開催させていただきます。まずパネリストのご紹介をさせていただきます。
　ワイツゼッカー先生は式典のほうでご紹介済みですが、素晴らしいご講演をありがとうございました。
　まず三菱総合研究所理事長の小宮山宏先生です。先生は元東京大学の総長であられまして、工学技術を極めた人々の集団である、日本工学アカデミーの会長を現在務めておられます。ご専門は化学システム工学、地球環境工学で、持続可能な社会についてのご造詣が深く、先ほどワイツゼッカー先生からご紹介もございました、日本で数少ないローマクラブの正会員でもいらっしゃいます。どうぞよろしくお願いいたします。

トークセッション「持続可能な未来のための知恵とわざ」
における壇上の様子

　次に、名古屋大学特別教授/名城大学終身教授の赤﨑勇先生でございます。ご専門は半導体工学、高効率の青色 LED の発明に対して数々の受賞をされまして、2014 年度にはノーベル物理学賞を受賞されました。文化功労者、文化勲章受章者でもあられます。日本学士院会員でもいらっしゃいます。先生どうかよろしくお願いいたします。
　そして、名古屋大学教授の天野浩先生です。先生も半導体工学がご専門でして、赤﨑先生とともに青色 LED を実現されました。そしてノーベル物理学賞を受賞されました。文化功労者、文化勲章受章者でもいらっしゃいます。最近では、技術の社会への貢献、途上国への貢献についてもご関心をおもちになられ、多くの発言もされておられます。今日はそのへんの話もよろしくお願いいたします。
　私とともにコーディネーターをしていただきますのは、林良嗣先生。先ほどもご紹介がありましたとおり、先生もローマクラブの正会員。名古屋大学環境学研究科の教授で、都市の持続的発展の研究、交通などにお詳しいで

す。世界80か国から研究者が集まる世界交通学会の会長として国際的にご活躍をなさっておられます。先生には逐次コメントもお願いいたしたいと思いますので、どうぞよろしくお願いいたします。

　そして、私、飯尾でございます。どうぞよろしくお願いします。

　それでは、林先生のほうからまず、トークセッションの主旨をご説明いただきたいと思います。どうぞよろしくお願いいたします。

林　それでは始めます。飯尾さんは、環境問題、農業問題等について詳しい方です。先ほど、松尾総長からも授与のときの紹介にありましたが、環境学研究科でグローバルCOEプログラムにより実施した「東日本大震災後に考える持続可能な社会」というパネルディスカッションの際にも、この2人でコーディネートをさせていただいたという、そういう方でございます。

　今回の登壇者の組み合わせは一体どういう意味かということについて。まず、先ほどワイツゼッカー先生のご講演を聴いていただいて、ローマクラブを中心に一体どういうことをやってきているのかということがおわかりになったと思います。ローマクラブの変遷を非常に大括りに言いますと、1972年に『成長の限界』というローマクラブ・レポート第1号が出ました。システムダイナミクスモデルの開発者であるMITのフォレスター教授と先生たちの写真がありましたが、そのとき、地球の人口がどんどんどんどん幾何級数的に上昇するんだけども、食糧の生産とか資源がそんな上向きで追いつくのか、非常に危ない、という警告を出したのでした。最初はそれに対して耳を傾けない人もたくさんいたわけですが、その直後にオイルショックが起こったので、やはりこれは大変だということになって、皆さんが危機意識をもったわけです。先ほどのワイツゼッカー先生の講演で、レーガンやサッチャーが現れた時代には経済の調子が良過ぎて、危機に目をつむる時代があったと説明がありました。

　その後、「京都会議」、気候変動の会議COP3があって、そのちょうど前

の1995年にワイツゼッカー先生が「ファクター4」という概念を出されたわけです。豊かさを2倍にしながら、資源消費を半分にしましょう、ということです。で、豊かさが一定で資源消費が半分だったら、2倍効率を上げればいいんですが、豊かさを2倍に上げながらってことだと、「2×2でファクター4」という非常にわかりやすい概念です。まあ、3×3でもいいんでしょうが、2×2という本当にわかりやすい概念を出されたというのが第2段階ですね。で、分数で言うと、分子が経済規模GDP、分母が資源消費ということです。そういう時代があったんです。

ところがその後、経済が成長するだけでよいのかということになりました。成熟した高齢社会においては、分子が経済だけではなくて、人々の幸せ、「well-being」、「クオリティ・オブ・ライフ（QOL）」へと変化してきたんです。このように、大きく言うと3ステップを踏んできたんじゃないかと思います。

資源、地球環境、経済、社会の、世界の難問をローマクラブでは「プログレマティック（Problematique）」と言っています。それらの原因メカニズムを探究して、ソリューションへの道筋を提言していく、こういう作業がローマクラブの役割だということになっておりますが、今日はその中で、2つにポイントを絞ります。一つは資源エネルギー問題、もう一つは高齢化に関する問題です。ワイツゼッカー先生の先ほどの問いかけに対して、このトークセッションは「持続可能な未来のための"知恵"と"わざ"」、科学や技術、社会政策や制度がどう応えられるかを対比する、というかたちで進めたいと思います。

まず、赤﨑先生と天野先生は、このワイツゼッカー先生の「ファクター4」の分母にあたる資源消費を大幅に削減するという素晴らしい技術を発明された方々でございますので、この技術とその開発経緯、その展望について語っていただこうと思います。一方、超高齢社会にさしかかってきた日本

が、いわゆる課題先進国となってきたわけですが、日本がどういうふうな社会を形成していくべきかということに対して、小宮山先生はかねてより「プラチナ社会」という非常に大きな概念を提唱されておりますので、これは一体なんだということをぜひ先生に語っていただきたいと思います。そのあと、互いに議論を交えて終えようと思っております。以上がおおよその私どものモチベーションと今日の設定でございます。

飯尾　ありがとうございました。まさしく今、先生が言われたとおり、このソリューションを見出す部分で、ほんとに目に見えて、「ファクター4」──豊かさを2倍にして資源消費を半分にする──それを実現された、我々の誰にもわかるかたちで見せてくれたのがLEDだと思うんですけど。まさにそのLEDの開発の裏側というのは、先ほど林先生からありました、知恵とわざの結晶でございますので、そのへんの開発秘話と申しますか、LEDを開発されました赤﨑先生のご苦労なども含めまして、まずじっくりお伺いしたいと思います。赤﨑先生、よろしくお願いいたします。

LEDの開発

赤﨑　窒化ガリウムのpn接合を天野教授と一緒につくり、LEDをつくったのが1989年でした（図1）。そのちょっとあとで私が提案したことがありまして、それは、「フロンティアエレクトロニクス」という概念でございます。図2の説明に入る前に、わかりにくいので書いたのがありますが、図1の囲ったところをちょっと読んでみますと、このとき、新領域エレクトロニクスと言ったり、フロンティアエレクトロニクスと言ったりしておりましたが、新領域のエレクトロニクスとは、現在使われている半導体では原理的に不可能な新しい領域で機能するエレクトロニクス（電子工学）のことです。

次の図2でございますが、先ほど申し上げたように、窒化ガリウムのpn

図1

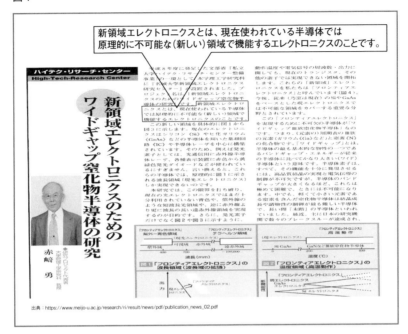

接合の青色 LED が名古屋大学で誕生したのが 1989 年の前半でございますが、確かその年の暮れごろか、翌年の初頭だったと思いますが、私がこんなポンチ絵を描いて、当時の文部省に持っていって話をしたわけです。何を言いたいかといいますと、窒化ガリウムの青色 LED は現在世界中で広く使われているわけですが、これは、窒化ガリウムと、それに関連した化合物がいろいろありまして、例えば、窒化アルミニウム、窒化インジウム、さらにそれらを混ぜ合わせた、混晶といいますが、そういうものを使いますと、先ほど言いましたフロンティアのエレクトロニクスが開拓できるということであります。

　具体的には、青色 LED というのはポテンシャルのごく一部にすぎませんで、私どもはまだ将来こういう広い可能性をもってるんだ、ということを示

図2

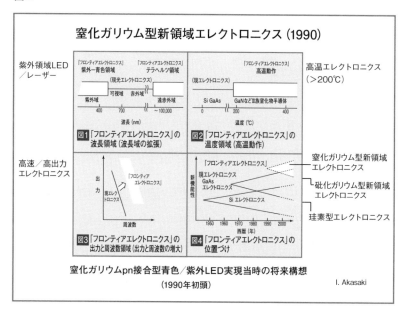

しております。図2の左上の図は、真ん中に可視光の領域がありまして、両方に、短いほうの紫外の領域、それから、右のほうは赤外の領域、そういう領域の光エレクトロニクスと言いますか、そういうものが当時は未開拓でございました。こういう分野に窒化物半導体というのは大きなポテンシャルをもっております。それからもう一つ、今非常にたくさん使われているのはシリコンという半導体ですが、シリコンという半導体は200℃以上では使うことができません。壊れてしまうわけじゃありませんけれども、熱のために雑音が入ってきて使えないんですが、窒化ガリウムですと非常に高温でも動作させることができます。こういうのを最近では諸外国でもずいぶん研究しておりまして、「ハイテンペレイチャー・エレクトロニクス」と称しております。例えば災害現場だとか火災現場だとか、そういうところでも安心して使えるという、デバイスをつくることができます。図2の左下の図は、もとも

とトランジスタと言いますのは、出力を上げよう、ハイパワーをとろうとしますと、動作周波数が下がるトレードオフの関係にあります。そこで、出力を上げながら周波数も高くしていくということは、これはこれからの世界に必要なことなんですが、そのためにはこの新しい半導体でないといけないわけです。窒化ガリウム系半導体は高速でしかも高出力のトランジスタとか電子デバイスを実現できる可能性があります。

　私は、図2の右下の図に書いてありますように、従来からありましたシリコンを中心とするシリコンエレクトロニクス、それから、1960年代から台頭してまいりましたガリウムアーセナイド（砒化ガリウム）という化合物を中心としたレーザーだとか、あるいは現在の光通信に使っているような世界がありますが、そういうものの他に、窒化ガリウムのpn接合ができて初めて可能になる、窒化ガリウム系の半導体によるフロンティアエレクトロニクスというのが台頭するであろうということを、このときに申し上げていたわけです。今、まさにそういう時期に入っておりまして、先ほどの林先生の言葉をお借りすると、分子を豊かにするんでしょうかね。まあとにかく、分母も小さくしながら分子を豊かにしていく、そういう素子を、この窒化ガリウム系半導体はつくる可能性が残っている、これは今後期待される領域であるということを申し上げたいわけです。

　図3に光の三原色と絵の具の三原色の違いを書いてあります。例えば、テレビの場合には赤、緑、青という三原色を使って発光させているわけですが、現在の白色LEDは右上のほうにありますように、青色のLEDの上に黄色の蛍光体をかぶせてあります。そうすると左の図のように青色とその補色である黄色とを混ぜて、両方の色が一緒になって白く見えるわけです。今、広く世界中で使われている白色LEDはこのタイプなんですが、これですと青の光のエネルギーというのは黄色に比べましてエネルギーが大きいですから、その分だけエネルギーロスがあるわけです。

図3

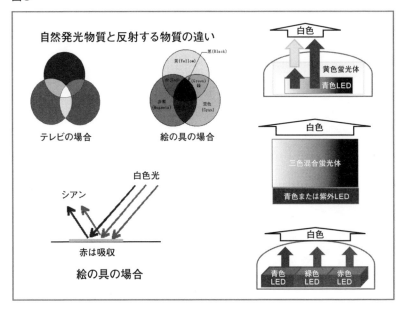

　次の図4です。これは天野教授も私もそのファウンダー（創始者）でございますが、名城大学の中に「創光科学」というベンチャーがございます。そこの技術が発展した「日機装技研」というところのホームページから取ってきたものですが、先ほどの図の紫外領域で、例えば紫外線のA、B、Cというのが、日機装技研のホームページによりますと、それぞれの分野の、波長の領域でこういうものが現にできつつあるわけです。バイオの分野だとか医療分野だとか、例えば、クリーンな水をつくる、あるいは患者さんの透析用の血液を浄化するとか、そんなことに当面は使えるだろうと言われておりますが、そういう展開も開けると思います。

　最後の図5をちょっとご覧いただきます。私がかなり将来有望であろうと思っているのは、上中央の写真の太陽電池はもちろんですが、右上にあります農業分野です。先日、宇宙から帰ってこられた油井さんという宇宙飛行

図4

出典：日機装技研株式会社ホームページ

図5

期待される応用分野

医療分野／バイオ分野／環境分野／エネルギー分野／通信分野／産業分野などへの展開

医療・バイオ分野
- 皮膚病治療
- レーザメス
- 細胞/DNA選別

環境分野
- 殺菌・空気/水浄化
- 汚染物質分解
- 環境調和型照明

農業・食品分野
- 野菜工場
- 人工光合成
- 殺菌・食品長期保存

エネルギー分野
- エネルギー創造
- パワーデバイス（自動車・家電）
- 電力マネジメント

通信分野
- THz通信
- 低スイッチングロス
- データハブ

産業分野
- レーザ加工
- 光溶接
- 3Dプリンター
- パワーデバイス（モーター）

士は、宇宙船の中で何か野菜を育てて、それを食した最初の人だと言われておりますけれども、先ほどのページにありますように、植物というのはだいたい緑の色をしています。ということは、緑の光はいらないわけですね。これは単純に言いますと、赤と青の領域の発光体があればいいわけです。しかし、その組み合わせは、植物によって多種多様でありまして、今、そういうデータベースをつくるのに多くの研究者が努力しています。LEDは今までの光源と違ってあまり熱を発生しませんので、将来的には、この農業分野という食糧問題の解決の一つの方法として大きな効果があるものと私は思っております。図に書いてあるいろんな分野についてはおそらく天野先生がお話しくださると思いますので、私の話はこのあたりにさせていただきます。ありがとうございました。

飯尾 ありがとうございました。皆さんがお考えになっておられるよりも、部屋の中を照らしてくれるだけじゃなくて、ほんとにいろんな分野を照らしてもらえる可能性がある。例えば食糧問題でもそうですよね。東京には畑がございませんけど、最近地下の植物工場で大規模に葉物の野菜なんかをつくったりしていて、その光源として最適であると。しかもその植物ごとに、光合成をするのにどんな光をつくったらいいかっていうのは変わってきますから、こういうものをデータベースにすることによって、いろんな野菜にも応用がきくと、食糧問題の解決にもなる。今、伺いましたら、医療分野にもですし、間接的ではありますけれども、宇宙の分野にも……ほんとに、フロンティアそのものの技術の基礎だということなんですけれども。省エネというのはこれからの社会にすごく大事なことだと思いますけれども、ワイツゼッカー先生、今の赤﨑先生のお話をお聞きになりまして、先生のお考えを進める技術としての可能性をいかがお感じになりましたか？

ワイツゼッカー 非常に興奮してお話を聞かせていただきました。LEDの開発のあと、科学をこの照明に応用するわけですが、天野先生からは、例え

ば、途上国で使うというようなお話がありました、これは非常に重要なことだと思います。赤﨑先生のお話では、農業に使うというような話がありました。特定の波長を農業にも使えるということでありました。ほんとに感激いたしました。ありがとうございます。

「人工物の飽和」と「プラチナ社会」

飯尾 ありがとうございました。「ファクター○○」のあとの数字が、赤﨑先生の技術でどんどん増えていきそうな感じがします。

　小宮山先生、今日のトークセッションのタイトルにもありますけれども、ここまでの技術のお話から、その知恵とわざを社会に落とし込んでいくことによって、先ほど林先生がおっしゃった豊かさ、省資源の豊かさが実現できる——世界中の人に、あまねくそういう恩恵があるようにその技術が進歩していくわけなんですけれどもね。先生はもともと科学者でいらっしゃいまして、それでも今、社会科学の領域のご発言と思えるようなものが、ご著書に関しても多いというふうに感じているんです。で、まず、技術と社会を結びつけるような役割、そういう考え方に至った経緯みたいなことをお話しいただいて、そして、「プラチナ社会」という、これから注目を集められるであろうキーワードについて、それはどういうものかということをご説明いただきたいと思います。

小宮山　私の30年ぐらいの人生を語ることになってしまうので……。

飯尾　省資源・省エネでお願いします。

小宮山　最初はエネルギーからスタートしましたが、私はずっと環境について研究をしてきてました。しかしやはり、論文を書いてもだめなんですね、読んでくれないんです。でも、LEDぐらいのものをつくると、これは社会にインパクトあるわけですよ。しかし、エネルギーの研究者っていうのがみ

んな LED をつくるのに成功することができるわけではありませんので、どうやったら社会にインパクトがあるだろうなっていうのはずっと考えてましたね。それで、今あなた、そこにいい本をお持ちで、それは私が書いた、岩波新書(『地球持続の技術』)ですよね。論文は読まないけれども岩波新書ぐらい書くとですね、もう少し社会に影響があるんじゃないかと思って書いて、確かに少しはインパクトがあったけど、大したことないんですよ。

　それでね、やっぱり物をつくらなくちゃいけないと思って行ったのが「小宮山エコハウス」という、多少知られた家をつくって。というのはね、エネルギーを使っているところって、もう今は工場というのは少ないわけ。今、日本でエネルギーを使っているのは、自動車。飛行機も入るけれども、ほとんど自動車ですよね。自動車と家とビルなんですよ。この3つでね。だけどビルと家ってだいたい同じようなもんじゃないですか、こういう照明を使って、冷暖房を使って、というエネルギーが一番多いわけですよ。だから、自分のできる家で、一生に一回ぐらい新しい家をつくる機会がきたということで、そのときに一生懸命やったわけですね。たいしてお金はかかってないですよ、悪いことをしない公務員の給料っていうのはそんなにたいしたことはないですから。それで十分やれるというような家をつくって、それで、そこらへんからやはり社会っていうこととね、科学技術っていうこととを徐々に考えてきたんですが、それが私にとっての大きなブレイクスルーだったような気はいたしますね。

飯尾　で、そういう中から、その「小宮山エコハウス」で考えられた「プラチナ社会」という概念について、皆さんにわかりやすくご説明いただけますか？

小宮山　私ね、さっきワイツゼッカーさんがあまり話されなかったことできわめて重要だと思ってることは、人工物の飽和ってことなんですよ。

　それはどういうことかっていうと、今、日本はね、車の数って5800万台

でずっと変わってないんですよ。廃車した分だけ新車が売れるわけ。そうじゃないですか、皆さんだって。それから、家っていうのは6000万軒で、増えていませんよ。これ、もう800万軒が空き家。だって5000万しか世帯がないんだもん。それから、ビルの数も増えていませんよ、もう。赤坂プリンスホテルというのを壊して新しい赤坂プリンスホテルをつくる。これってものすごく重要なことで、この中でエネルギーも使ってるわけですから。それで、私が古い家を壊して新しい家をつくって、ほとんどエネルギー消費っていうのはゼロになったわけですよ。それは、太陽電池によってです。車だってそうでしょ、車だって、走ってる数は同じで、500万台が1年に廃車されて500万台新しい車が入って。この廃車されるのと比べて新しい車っていったら、ガソリンなんか3分の1ぐらいしか食わないでしょ。だから事実日本のガソリンの消費量っていうのは、もう毎年1.5%ぐらいずつ減っていってるわけです。これは要するに、車にしろ家にしろビルにしろ、数は一定でね、そこにLEDが入るから、エネルギー消費が大きく減っていくわけですよ。

　それで、このことっていうのは、実はヨーロッパと日本……先進国ではほとんど大丈夫、そういう意味では大丈夫なの。ワイツゼッカーさんのお話っていうのは、どちらかというとやっぱり途上国なんですよ。今、人口にして9割を占める途上国がものすごく膨張してますから、ここをどうしようかっていう話のほうが多いんですよね。でももう中国はだいたい飽和になったでしょ。だから今経済は非常にスローダウンしてですね、飽和してると思いますよ。上海に行ったって、北京に行ったって、これ以上ビルが建ちますか？　これ以上道路が増えますか？　だから中国ももう飽和してきているわけですよ。それで、これが人類にとっての希望なんですね。アメリカはちょっと違う。まだ移民が結構くる。だから、中国もだいたいそうだとすると、このあと僕らが一番気にしなくちゃいけないのはやっぱりアフリカなんですよ。今

僕が言った話の前提というのは、人口がだいたい飽和するということなんですよね。だけど、ほんとにどうなるんだろう、人口って。実は2005年に世界で生まれる子どもの数が飽和したんですよ。1億4000万ぐらいだったかな、生まれる子どもの数が飽和したっていうことは、平均寿命が伸びていきますから、とりあえずまだ増えていくんですが、いずれ減り始めるってことですよ。だって生まれる子どもの数が減り始めたんですから。

ところが、ここ4、5年また出生数が元に戻ってきた。これは何かと言ったら、アフリカですよ。だから、アフリカをどういうふうに僕らが支援していけるのかっていうのはきわめて重要な話で、そこにワイツゼッカーさんが、途中で「女性の教育」だとおっしゃいましたよね。だからはっきり言うと、まあインドがまだ少し残ってますけども、インドとアフリカの教育をどうやって世界が手伝っていくかっていうのが、一番大きな話。それは背景には人口の飽和と、それに伴う人工物の飽和っていうのが、そんなに遅くなく、僕は2050年には世界でだいたいくると思っているんです。僕がそれに関する本を書いたときは、1990年頃のデータで書いているんですけれども、僕が思っているより早いですから。やはり社会が本気で動き出すと早いですよね、学者の予測よりも早い、だから僕は希望があるというふうに思っています。

飯尾 なるほど。その「人工物の飽和」ってすごく印象的で、これ皆さんちょっと覚えておいていただきたいキーワードだと思うんですけれども。もう一つ、せっかくですから、「プラチナ社会」についても。

小宮山 これを言わなくちゃいけない。皆さんね、1900年、20世紀に入ったときの世界の平均寿命っていくつぐらいだか、ご存じですか？ 知らないでしょ？ 僕も調べてみて驚いたんだけど、31歳。ところが、2011年には70歳を超えているわけですよ、世界の平均寿命が。つまり、20世紀になって急激に社会が食べられるようになってきたんですね。それで平均寿命が伸

びてきて、これはいいことなんですよ。それの先端を切っているのが日本じゃないですか。だから、僕が言いたい社会っていうのは、高齢者も自立して生きられる社会、それはできるんです。だって、人間がものを考えるっていうのは、神経細胞からピッピ、ピッピと電気のパルスが出てるわけですが、そいつを捉えればね、捉えれば、僕がこうやりたいっていうのがわかるわけですよ。それで今 HAL っていうロボット（身体機能を拡張・支援する生体融合型ロボット）がやってるじゃないですか。それでモーターが回れば、これができる。その技術っていうのはもう、脳科学と、ブレイン・マシン・インタフェースって言うんですが、ブレインとマシンのインタフェースですよね。これとロボティクスっていうのは今一番進歩している技術、科学ですから、進むに決まっているわけですよ。そうすると、頭が生きているかぎり、人間は自分で動けるっていう世の中っていうのが必ず来ますよ。そうすると僕らは、高齢社会を威厳をもって生きていくことができると思うんですよ。だからそれとさっきのエネルギー資源という問題が解決された、ワンランク、レベルの高い社会、というのを「プラチナ社会」というふうに定義しているんです。

飯尾 なるほどね。ゴールドよりも静かに光るプラチナはワンランク高いわけですね。

小宮山 そうそうそうそう。威厳をもって輝く。

飯尾 ええ。なんか若いエネルギーで突っ走れみたいな社会じゃなくて。

小宮山 それは 20 世紀なんだと僕は思うんだよ。ゴールド、ゴールデン・エイジですよ、20 世紀は。

飯尾 そんなに資源を使わず、エネルギーを使わずに、その威厳をもって生きていける社会というのがプラチナ社会で、それを支える技術的基盤が窒化ガリウム社会だということになるわけですね。

小宮山 おっしゃるとおりです。

科学が開拓するフロンティア

飯尾 もう非常に見事にまとまりました。人口飽和の問題ですとか、高齢化社会、それから、途上国に対して技術を広げていかなきゃいけないという、そのインフラに関しても林先生がご専門ですし、天野先生もご興味をおもちの分野ですので、そのへん、次のラウンドでしっかり伺いたいんです。

　赤﨑先生にもう一度伺っておきたいんですが、今までのところ、小宮山先生の「プラチナ社会」へのステップアップには技術が不可欠だということだと思います。それから、フロンティアを乗り越える力ですね。先生もずっと挑戦してこられたわけですから。ちょっとご感想をいただいて、次のラウンドに入りたいと思います。

赤﨑 小宮山先生のお話は素晴らしいと思いますね。私、実は、このトークセッションに入る前にちょっと小宮山先生とお話ししたんですが、過去に2回ほど先生のお話を伺ったことがあるんです。そのときに「課題解決社会」とおっしゃっていらしたかな。そういうことをあんまり考えたことがなかったものですから、非常に衝撃的なことだったことを覚えています。そのときにやっぱり、今のそういうことをお考えになっていらっしゃるのも、結局、新しい意味で「フロンティア」なんですね、これは。私がさっきお話ししたのは、フロンティアエレクトロニクスに限ってフロンティアという言葉を使ったんですが、要するにそういう新しいコンセプトを出すとか、そういうこともフロンティアだと私は思いますね。決して、唯物主義というか物に限ったわけではなくて、そういう新しい概念を持ち込むと、これは先ほどのワイツゼッカー先生のお話にも共通するところがあるんですけども、私はそのプラチナ社会ということを言われたときに、ちょっと目が覚めたという、そういう感じがしましたね。

　もう一つ、少し気になり出したのは、人工物の増加ということですね。こ

れは、実は自分でこういうことを生業にしておきながら、いつも反面考えることがあるんで。大量生産・大量消費の時代になっていますね。ファクター4に貢献するであろうLEDですらもですね、やっぱり人工物にはほかならないわけでして、そのへんのところをどういう具合に考えていくのかというのは、また新しいフィロソフィー（思想、哲学、価値観）が求められるような気がします。

飯尾　ありがとうございます。でもいずれにしましても、科学が開拓するフロンティアの領域というか空間といいますか、そこに新しい人たちが寄ってきて新しい社会ができていくっていうのはこれ、非常に理想的な進み方と思うんですけどね。

赤﨑　そうですね。それはもう不可欠ですね。例えば、日本は人口はそこそこあるんですけれども、天然資源のない国であって、資源と言えるのは我々のブレインしかないわけですね。そこで、科学というのはそういう意味では役割は非常に大きいと思いますね。

飯尾　その廃棄に至る、そこに社会ができればそこに住む人たちが廃棄に至る過程で、環境負荷をかけない、そういうようなルールをつくったり、考えたりしていけばいいわけですからね。

赤﨑　そうだと思います。

飯尾　まず領域が広がっていくっていう、科学の領域が広がっていくっていうことが非常に我々にとっては大切なことだということですね。だけど、その科学の領域に社会もついていかなきゃいけないと。社会がそれを賢く使っていかなきゃいけない。その中にうまく溶け込んでいかなきゃいけないという、LEDからそれが見えてきますね。LEDの次も楽しみです。

　ワイツゼッカー先生、ドイツでは「人工物の飽和」ということは起きていますか？　起きているとしたら、それにどういうふうに対処なさっておられるんでしょうか。

リサイクルとリマニュファクチャリング

ワイツゼッカー　ほとんど同じころに、ドイツも日本も「循環経済」という考え方をつくりあげました。3つのR、3Rというのが日本にはあって、指針になっています。すなわちReduce（リデュース）、Reuse（リユース）、Recycle（リサイクル）です。ドイツでは、別の言葉を使っていますが、「循環経済」とほとんど同じ意味です。人工物の飽和という問題への対応については、「ケミカルリサイクル（廃プラスチックを化学分解して化学原料とする）」を考えています。次世代の商品のためのリサイクルです。技術的にこれは可能になっています。

　一方、現実はどうかと言えば、（国際連合環境計画）国際資源パネルでも指摘されているとおり、世界全体で見たときには、リサイクリング率というのは、特にハイテク金属に関して言うと、傾向としては1％以下であることが多い。つまり99％以上が、——例えばガリウム、LEDに必要なものですが、あるいはインジウム、これも非常に重要ですが、そしてリチウムもそうですが、——結局、一度だけ使われて捨てられているのです。ミリグラム単位で回収をすることが非常に難しいため、回収されていません。この問題への解答は、お金などがかかる「化学的分離」か、あるいはリサイクルする代わりの「リマニュファクチャリング」、このどちらかになります。

　「リマニュファクチャリング」とは、部品をそのまま傷つけないで取り出して、新しい製品に使うことです。昔は、典型的には、製品の寿命というのは部品よりも長かったのです。家でも車でもそうでした。しかし、近代社会では、タブレットもそうですが、部品のほうが製品よりも寿命が長い。したがって、部品が新しい製品に再度使われるようにする「リデザイン」が一番いい。これが「リマニュファクチャリング」の考え方です。これは、近代的な技術者にとっては普通に行うことですし、まったく新しいものではありま

せん。しかし、ドイツでも、日本でも、注目を集めています。

建物だけでなく、その地区としての全体の調和

飯尾 ありがとうございました。林先生からもコメントをお願いします。
林 今、人工物の飽和という話があったので、ちょっとコメントを挟みます。私はバックグラウンドが土木工学とか都市計画なんですね。小宮山先生がおっしゃった飽和しているものとして、車、それから、建物がありましたが、車についてはもうほとんど、日本、ドイツ、あるいは世界中似ていると思うんですね。ところが、建物には実は違うところがありまして。日本は、住宅系の建物はコンクリートのマンションを含めても、31年に一回壊しているんですね。

でも、ドイツはそうではなくて、将来どういうかたちになるかっていう、地区全体を設計しながら、街をつくっていくというルールがあります。名古屋は実は戦争で爆撃されたあと、土地の区画整理を進めた世界一のチャンピオンなんです。世界中で市の面積の80％も区画整理しているのは名古屋市しかないんです。ところが残念ながら、土地の上の建物をどうつくるかっていうことを3次元的にコントロールしなかったので、おのおのの地主が好き勝手に建てたために、戸建住宅のまん前に20階建のマンションが建てられて住宅としての機能が劣化するなどして、その結果、31年という非常に短い年月で壊しているわけですね。戦後、20世紀後半だけ実はお金がうんと入ってきたので、男は家を建てるのが甲斐性だと、そういうふうなことをずっと言われ続けてきたんだけど、実際に実現したのは20世紀後半だけだったと思うんです。で、再びそれは実現できない時代に実は入ってきて、経済成長しないから、借金したら今度は返せなくなりますよね。

20世紀後半には、一人当たり所得が、毎年9％ずつ成長したんですよ。

1950 年と 2000 年を比べると 75 倍も増えていたんですね。10 年に 2 倍以上の所得が上昇したので、どんどん建て替えられたのです。だけど今後、高齢化し、経済が頭打ちになっていくと、さっきの分子の話と関係するんですが、はたして幸せに住めるかどうか。私たちの世代が 31 年しかもたない家しかつくらないと、自分たちの孫の世代は建て替えるお金が尽きてしまってもう住めないんですね。建設省時代に 100 年住宅とか言って、頑丈なものをつくりましょうって。そうじゃないんです。建物一つを頑丈につくってもだめなので、その地区として全体を調和するようにどうやって建てていくかという、そういうルールをつくりながら、将来世代が生きていけるような、ロングタームの人工物のマネジメントが必要なんですね。

これは、物理的に資源を無駄遣いしないこと、CO_2 を減らすことと、人が幸せに生きていけることを同時にやるわけなのです。これもやはり先ほどの「ファクター」を考えることなんです。ワイツゼッカー先生は、「ファクター 4」の分子を GDP から well-being（幸せ）に変えた概念を、『ファクター 5』という本として最近出して、日本語の訳も出ました。「エフィシェンシー（Efficiency、効率）からサフィシエンシー（Sufficiency、満足度）へ」と呼んでいるんですね。で、これは、先進国だけの話じゃない。途上国には、エフィシェンシーを達成してからサフィシエンシーに向かう時間的余裕がもうないですから。そこはもうショートカットする。途上国は「リープフロッグ（蛙跳び）」を狙って、先進国と途上国が一緒になって、技術も制度もイノベーションを起こしていくっていうようなことが必要なんじゃないかと思います。

貧困問題とテクノロジー・産業

飯尾 なるほど。先生は「スマートシュリンク」っていう概念を提唱なさっ

ていますけれども。途上国で実地的な具体的な事例など含めて、のちほどもう一度伺いたいと思います。

　さて、天野先生、先進国では中国も含めて「人工物の飽和」ということが都市問題として起こってきている。途上国では「人間の飽和」、人口爆発っていうことが大変な問題ですね。科学の知恵とわざが開く新しい社会のあり方として、途上国問題にも興味をおもちだというふうに伺っているんですけど。我々、記者会見などでも伺ってますと、例えば、LEDの価格を5分の1にするということも、これたぶん、途上国に行き渡るようにということが念頭にあったりするのかなと思いますし、「環境と開発」っていう問題では、開発っていう、途上国で貧困を解消したり、教育をつけていくことっていうのは、環境と裏表だということが、21世紀になって言われるようになってきました。先生の今の、科学が向かう方向として途上国に対するご興味がどういうふうにあるのか、どういうふうにソリューションをお考えになっておられるのか、お話を伺えたらと思います。

天野　まず、皆様のお話っていうのは、仕組みをどうするかとか、そういうお話だったと思うんですけども。昨年、いろんなところに呼んでいただきまして、今まで行ったことのなかったような世界も拝見することができました。で、そこで見たこと、あるいはそういったところから日本を見直してみて感じたことなんですけれども。日本は飽和社会かもしれませんけど、例えば日本という国で見ると、GDPは3位、まあ優等生ですよね。ですけども、人口で割ると、要するに一人当たりの労働生産性というのは決して高くないんですね。OECDの中でも平均値以下なんです。ですから、イノベーションというのはまだまだ必要なんですね。それから、例えばCO_2の排出、COP21の話がありましたけども、お隣の国、中国では世界の4分の1以上のCO_2を排出しています。日本の排出量は3.7%なんです、非常に低い。それだけ見ると、日本はとても優等生、となりがちなんですけど、これを人口

で割ると、中国は13億人いるんですね。で、そうすると一人当たりのCO_2の排出量っていうのは日本のほうがよっぽど多いんです。

　ということから考えると、今まで国で考えてきたこと、これだけではやっぱり足りなくて、CO_2の排出とかですね、一人ひとり、この飽和しているかのように見える社会でも考えなきゃいけないんじゃないかなというのを、一つ強く感じました。それから、発展途上国、特にサブサハラ（サハラ以南）アフリカの地域で人口増加の問題が懸念されています。これはですね、ある意味で当たり前のことで、生物って、生命の危険を感じれば必ず子孫を残すように思うんですよ。ですから、人口増加の問題を抑えるには、生命の危険をまずなくすことが一番大事じゃないかなということを感じました。例えばLEDのような科学技術というのはその一つの助けになるかもしれない。それで発展途上国の人たちのサポートはできるかもしれない。ただそれはファーストステップにすぎないと思うんですね。

　去年、パリのユネスコに呼んでいただいて、LEDの講演をさせていただいたんですけど、そのときにアフリカ代表のほとんどの方々が言うのは、ヨーロッパやアメリカのサポートを受けて、高等学校までは非常に施設がしっかりして、きちんと教育をできるようになった、それ自身はいいんだけども、優秀な人間はほとんどヨーロッパとかアメリカに行っちゃってですね、で、帰ってきてくれればいいんですけど、帰ってこない、と。要するに人口流出、若者の流出の問題というのが、非常に問題だと。で、どうしたらいいかっていうことを考えると、やっぱり産業、なんらかの生活できる手段をその国に根付かせないといけないと思うんですね。それが新しい技術でできるかどうかということが、これはその国だけじゃなくて、世界中でやっぱり考えないと。例えば、テロって最近いっぱい起きていますけど、根本的に考えると、やっぱりあれは貧富の差が一番の原因じゃないかなと思うんですね。それをなくすためにどうしたらいいかっていうのを世界中で考えなきゃ

いけないんじゃないかな。テクノロジーがそれをできればいいんですけど、それだけでも難しいかなということを感じています。

飯尾 ありがとうございます。テクノロジーの領域、そこへ深く入っていけばいくほど、やはりその社会（科）学的領域に興味が広がっていくというか関心が広がっていって、それがまた科学者としての研究にフィードバックされていく、こういう循環もできていくような気がするんですけれども。小宮山先生、先達としていかがですか？

小宮山 もうほんとに、100％ agree（同意）ですね。私は世界の貧困まではやってないですけれども、日本の中で、過疎とか、半分の都市がなくなるとか、「増田ショック」はありますよね。ほっとけばそうなるわけですよ。それで僕は、今、天野先生がおっしゃったようにまさにね、日本だったら地域ですよね、やっぱり、地域にジョブをつくれるかどうか、ここがね、ほんとにカギだと思っています。それで、プラチナ社会の話がさっき出て、「プラチナ構想ネットワーク」っていうのをやっててね、140の自治体が入ってるんですよ。もう町から、一番小さいのは村ですよね。それから一番大きいのは横浜市か、というような、そういう自治体が入っているんですけれども。やはりその、地域でうまく仕事をつくってやったところっていうのは、成功してますよ。隠岐島の海士町っていうところがありますが、ここなんかもうほんとの成功例ですよね。私は今、プラチナ社会に一番近いって申し上げているんですが。そこで始まったのが、魚を捕って食ってたんだけど、市場に出して売らないとビジネスにならないわけですよ。それで、そのときに、CAS（セルアライブシステム冷凍）という今ではもうそろそろ当たり前の技術になっているんだけども、磁場でもって少し振動を与えてね、新鮮さを保ったまま凍結して、安定的に魚を腐らせずに……。

飯尾 牡蠣とかですね。今までもう捨ててたやつをね。

小宮山 そう。そういうのが大都市に、具体的には東京の市場にまで持って

いけるようになって。それがまあたいして大きくはないけれども、2、3億（円）のビジネスになってきてね。そうすると、若い人たちが帰ってきて、それでだんだんだんだん若い人たちが観光のいろんな動きをしだして。そうすると、高等学校が島前高校っていうんですけども、ここはもう文科省から廃校にしろって言われてたわけね。新入生が20人を割って。それで、どうするんだって言って、今度は島の人たちがみんなでね、島前高校を潰すなって言って動き出して。今、島根県で一番倍率が高い高校になった。

飯尾　ですよね。もうなんか半分ぐらい島外の子だという。

小宮山　7000人ぐらいいた人口が20年ぐらいで約2000人にまで減ってきたんだけど、またほんの少しだけど増えだしてきたっていう、もうほんとのサクセスストーリーですよ。そういうところってね、あるんですよ。いくつも。

飯尾　冷凍技術の進歩っていうやつが、ほとんどバタフライ効果（複雑な関係によって、小さなことが大きな変化を生み出すこと）みたいに広がってったわけですよね。

小宮山　そうそう。だから、バイオマス（生物資源）の仕事だとか、まあLEDだと。だってアフリカなんかは最初から電線がないんだから、太陽電池とLEDですよ。最初は照明です、暗くて困るので。だから太陽電池のほうが普及するわけですよ。それで、長期に見ればどうせ、必ず集中型の発電から再生可能エネルギーになるにもう決まっているんですから。そしたら案外、途上国にはチャンスがあるということなんじゃないかと思うんですけどね。

飯尾　なるほどね。量子科学的に（不連続的に）社会が発展していくわけですね。天野先生、この際ですね、何かちょっと、具体的にこんなことやってみたいな、なんてことないですか？

天野　やってみたいこと？　今、大学で取り組んでいるのは、まずLEDで

7％省エネ。それから、「パワーデバイス」っていう新しいトランジスタで、10％省エネっていうのを目指しております。で、そのあと、何をしようかっていうのは、今思案中です。

スマートシュリンクとは

飯尾　ぜひとも具体化を期待しておりますので。ところで、林先生のご専門です。先ほどちょっとご紹介しましたけど、「スマートシュリンク」、これも非常に魅力的な概念で、なおかつ、途上国の支援みたいなかたちで実践していても、結局は今の社会、我々の豊かさに返ってくるわけですから。そのへんのご紹介をちょっといただけませんでしょうか。

林　「シュリンク」っていうと全員が嫌がるんですけども。これは「プラチナ社会」と相反するものではまったくなくて、日本では人口が21世紀の間に半減しますので、そうすると使う土地は半分にしないといけないというのは、もう常識じゃないかなと。つまり、散らばって住んでいたり、お店に使ったり工場に使ったりすると、そこにもインフラが必要ですね。で、それをずっと維持しなくちゃいけないのです。我々の孫よりもっと先かな、人口が今の半分になる2100年のジェネレーション（世代）が使う面積が今と同じだとすると、今の倍の人口一人当たりインフラ投資負担、すなわち税金が出せるかというと、不可能なんですね。そういう意味で、シュリンクのマネジメントが必要なのです——シュリンクそのものは、人口が現実に縮むのだから否定しようがないんですね。だんだん人口が減っていくわけだし、経済規模だってそんなに伸びないと考えておくべきですね。

　実はそれはどこからきたかというと、私はヨーロッパと日本の国土の関係をずっと研究してきたのですが、20年ほど前に、バンコクを、鉄道を中心に再生するJICA（国際協力機構）の委員長というのになったんですね。都

市内に600万人も住んでいるのに鉄道がまったく機能していなくて、皆が自動車交通だけに依存していたために道路が大渋滞していた。加えて、住宅が散らばってスプロールして都市が拡散していった。その結果、一日の通勤時間が8時間を超える人が10％になっちゃったんです。片道4時間ですからね。そういう極端なところに遭遇して、そうするとそこでは、「スマートシュリンク」のずっと前の話で、ずっとgrow（成長）しているわけなので、「スマートグロウス（Smart Growth）（賢い成長）」って言うのですね。つまり、鉄道がないとどういうことになるかと言うと、車がどんどん増える。そうすると、車に依存して散らばって住みますよね。鉄道だとなるべく駅のそばに集まる。わざわざ駅から遠いところに住みたい人はいない。道路だとちょっとぐらい離れたっていいし、むしろ道路の近くは嫌だって人もいますね。そうするとますます2次元的に広がる。このように、メタボにこの都市を広げちゃいけない。ということで、「スマートグロウス」という概念が出てきた。そういうことを考えていたら、日本は人口が減少し始めたのでスマートグロウスという言葉が当てはまらなくなった。はたしてどうしたものかと考えて、グロウスの反対っていうと、リデュース（削減）とかディクリース（減少）。それでもいいんですが、むしろインパクトがあるほうがいいというので、スマートシュリンク（賢い凝集／縮退）と言ったのです。そういう意味で、これからはもう新しい土地に手をつけずに、また、ストックをつくるんだったら、幸せになるようなかたちに一回でつくり直すぐらいのつもりでプラチナ社会を目指す。何かそういうことをイメージして都市のマネジメントとか国土のデザインをする心を提唱しているということですね。

サイエンスの光と影

飯尾 はい。メタボがいけないというのを、こちらを向いて……まったくよ

くわかります。私は、小宮山先生もワイツゼッカー先生も、それから、林先生も、同じところを目指している気がしてなりません。一直線に目指すというよりもそういう循環をつくりたいということですから、これは当たり前のことなのかもしれませんけれども、それをやはり、科学が支えていただきたいと思うんですよね。天野先生、赤﨑先生が、科学の領域から社会の領域に対して非常に想いを広げていただいているというのも、よくわかりました。そこで、その理想に向かってですね、天野先生、赤﨑先生に本日のご感想などを一言ずつ伺って、ここで一応の区切りにしたいと思うんですけど。天野先生からお願いできますでしょうか。

天野 ワイツゼッカー先生のご講演で非常に印象に残ったのが「リバウンド」、すいませんまたメタボの話で。LEDをつくったのに、クリスマスのときになると皆さんすごいデコレーションしてて、もったいないと思うことがたまにあるんですけど。まあこれも技術の一つでですね、またこういったことで新たな産業等が生まれたら、飽和って言っていますけど、また新しい展開が生まれるかもしれないなということで。今日はほんとに楽しい時間を過ごさせていただきました。

飯尾 ありがとうございました。赤﨑先生、一言お願いできますか。

赤﨑 今日は、私にとっては新しいことがたくさんございまして。特に、ワイツゼッカー先生のお話と、それから小宮山先生のお話も。小宮山先生のお話は今までもお聞きしていたんですが、今日また、なるほどそういうことかということをしみじみと思いました。で、やっぱり、最後まで私なんか、少し引っかかってるような感じがするのは、「人工物の増加」ということが残っていまして、我々もその犯人の一人であるというような感じがしないでもないんですね。で、これはよくサイエンスで言われる、「光と影」という言葉がありますが。まあ、そういうものではないかということを思いながら、今日のこのトークセッションを終わらせていただきたいと思います。

飯尾　ありがとうございました。ほんとにね、「引っかかりをもつ」ということが、先生はもう頭の中で解決の道筋みたいなものをお考えだと思うんですけれども。それこそほんとに真の科学者魂じゃないのかなというふうに今、「引っかかり」ということに感服をしてしまいました。ほんとにどうもありがとうございました。

　特に科学者じゃない皆さんにお願いしたいんですけど、私はLEDの、我々科学の素人にとっての最大の効用っていうのは、科学と科学のもたらす恩恵を非常に身近に感じさせてくれた、可視化してくれたっていうことだと思うんですね。その先に、省エネ・省資源社会の豊かさが見えてくるという、LEDの光に照らされて新しい社会が見えてくる。そこでお考えいただきたいのは、その豊かな社会を築く主役は皆さんだということなんですよね。その科学の成果を使いこなすのは行政だけではなくて我々生活者だということを、今日から引っかかって暮らしていただきたいと思います。四六時中というわけじゃないですけど。ワイツゼッカー先生が名誉博士称号を授与されたので、こういう素晴らしいきっかけをいただけました。まず、ワイツゼッカー先生に、そして、素晴らしいお話をしてくださいましたパネリストの皆さん、そして林先生に、もう一度盛大な拍手をお願いいたします。

名古屋大学での思い出と青色発光ダイオードの実現

赤﨑　勇
（名古屋大学特別教授、名城大学終身教授）

　以下では、トークセッションに関連する自選コラム２本を、発行元の許可を得て転載する。

１．名古屋大学での思い出――思い出すままに

創設間もない名大電子工学科に着任

　私が熱を伴わない発光である"ルミネッセンス"に出会ったのは、1954年、テレビ用ブラウン管の蛍光面の仕事を担当したときです。もっと明るい映像を実現しようと、「多結晶粉末である蛍光体に替えて"光る単結晶"を積み重ねる（今日で言う、光半導体のエピタキシャル成長）ことはできないだろうか」――当時はまったくの夢物語ですが――と真面目に考えたことがありました。この"光る単結晶のエピタキシャル成長"はずっと私の潜在意識にあったようです。

　当時はまた、トランジスタの草創期で、ゲルマニウム（Ge）単結晶の作製や物性研究が盛んに行われていました。Geは光

赤﨑 勇

写真1　1962年春、名大有住研究室メンバー（工学部2号館の研究室にて）。前列左端：有住徹弥教授（赤﨑教授は前列右から3人目）。当時は、学部生も院生も学生服だった

りませんが、"単結晶"は私には大変魅力的でした。

　1958年晩秋、突然、上司の有住徹弥部長のお誘いを受け、創設間もない名大電子工学科に翌春着任。これが、私の"結晶"や"半導体"の研究への転機でした。50年代、自力で作製した高純度Ge単結晶を用いて、物性研究を行っていた大学は、ほとんどなかったのではないでしょうか。当時、セミナーや実験に参加した多くの優秀な学生さんが、卒業後、「電子立国日本」に貢献されたのを誇りに思っています（写真1）。

　1960年から、"Geのエピタキシャル成長（基板結晶の上に、結晶軸をそろえて高品質薄膜結晶を成長させる技術）"をはじめ、反応管から結晶を取り出すときの期待と興奮から、"結晶成長"にのめり込んでいきました。アイソトープを添加した結晶を入れたデシケータを抱えて、雨が降ると泥んこになる四ッ谷通りを横切り、物理の早川幸男先生の波高分析器（当時、名大

に1台?）を借り切り同然に使わせていただいたことなど、懐かしく思い出されます。

松下電器東京研究所への転出

　このGeのエピタキシャル成長の仕事が縁で、これも新設の松下電器産業株式会社東京研究所に1964年に転出、50年代から温めていた、"電流注入で光る半導体単結晶"すなわち発光ダイオード（LED）や半導体レーザ（LD）の研究を始めました。

　1960年代、赤色や黄緑色のLEDや赤外のLDは開発されていましたが、青色発光素子の実用化の見通しはまったく立たない状況でした。高性能の青色発光素子の実現には、窒化ガリウム（GaN）などエネルギーの大きな半導体の、①高品質単結晶の作製と、②（電気伝導型がプラスの）p型結晶の実現による"pn接合"という構造の実現が不可欠ですが、いずれもきわめて困難だったからです。

　かねて、GaNの大きな可能性を確信していた私は、1973年、この"GaNのpn接合"による青色発光素子の実現への挑戦を開始しました。

　しかし、良質の結晶の作製は困難を極め、試行錯誤の繰り返しでした。70年代後半には、世界中の多くの研究者がGaNの研究から撤退していきましたが、私は"一人荒野を行く"心境で、愚直にGaNの結晶成長に明け暮れました。60年代当

写真2　1979年に開発した、GaN MIS型青緑色LEDを用いた世界初（?）の三色LEDファウンテン・ディスプレイ（1981年、米国シカゴショーに展示）

時は、毎日のように名大で Ge の結晶面を観察し、失敗した GaN 結晶を観るのが日課でした。ある日、凹凸の激しい低品質の結晶の中に、きれいな微小結晶を蛍光顕微鏡の視野に捉え、一瞬瞳を凝らし、GaN の青色発光素子としての可能性を直感（再認識）し、1978 年、もう一度、本研究の原点である"結晶成長"の基本に立ち返ることを決心しました。これは GaN や青色 LED の研究・開発史上、大きな岐路だったと思っています（写真2）。

1979 年、GaN の結晶成長に最適の方法として、それまでほとんど用いられていなかった、"有機金属化合物を用いるエピタキシャル成長法"を採用することにしました。この選択が正しかったことは、今日、青色 LED など GaN 系の素子がほとんどこの方法で作製されていることから明らかです。

再び名大へ、そして青色 LED の実現

1981 年、名大電気・電子系の先生方のお計らいで前回と同じ半導体工学講座にお招きいただきました。今でこそ、企業から大学への転出は珍しくはありませんが、30 年前、前回の名大勤務 5 年間を除き大学での教育・研究実績のない私をお招きいただいた、電気系教室の先生方のご英断に敬意を表しますとともに、感謝の気持ちで一杯です（写真3）。

澤木宣彦助教授をはじめ平松和政、天野浩院生ら（いずれも当時）の多大の協力を得て、1985 年、上記成長法による"低温バッファ層技術"などの開発により従来に比べて格段に高品質な GaN 単結晶を創製、1989 年、この結晶へのマグネシウム添加と電子線照射による p 型伝導、さらに GaN pn 接合型青色 LED や室温誘導放出などを実現しました。これらを世界に先駆けて実現できたのは、若い名大の自由な雰囲気と、電気系教室の先輩・同僚・後輩の先生方の物心両面にわたるご支援並びに、元気で優秀な学生さんの多大の貢献の賜物にほかなりません。

写真3　1984年春、名大赤﨑研究室修士論文発表会のあと、工学部2号館南玄関前で。後列左から、澤木宣彦助教授、平松和政助手（当時）（赤﨑教授は前列左から3人目）

写真4　1989年11月11日、理学部長室にて。諏訪理学部長のお世話で、名大創立50周年記念式典招待講演者、米チューレン大学教授有村章（旧制七高）先輩を囲んで。左から、秦野節司、福井崇時、有村章、赤﨑勇、諏訪兼位、石崎宏矩の各教授

写真5　新技術事業団（現、（独）科学技術振興機構）創立35周年記念テレフォンカード

ちなみに、1989年は名大創立50周年、またベルリンの壁崩壊の年です（写真4）。

なお、2度の名大勤務で一緒に仕事をした方々や卒業生が、現在、半導体エレクトロニクス分野の"知の三角形"（"知の創出""知の普及"および"知の実用化"）において、世界の第一線で大活躍されていることは、私の大きな喜びです（写真5）。

伊勢湾台風の記憶

　ところで、最初の名大時代、強く印象に残っているのは伊勢湾台風です。名大着任間もないころ、主要大学への大型電子計算機導入の計画が進んでいました。名大を含む複数の大学では、日本電気のNEAC2203機を導入することになり、日電との打ち合わせを、東京三田の日電のクラブで行っていました。1959年9月26日（土）夕刻、計算機室運営委員長の有住教授の代理として翌日の会合に出席するため、名古屋駅から準急"東海"に乗車しました。しかし、猛烈な風雨（上陸時気圧：929hPa、最大瞬間風速：55.3m）のため安城駅の手前で停車した車中で一夜を過ごし、翌日夕刻やっと、名古屋方面への帰りのタクシーに相乗りすることができました。市内に入ると、水が深くタクシーは動かなくなり、徒歩で千種区鹿子町の我が家に辿り着いたのは、28日未明でした。倒れた松の木で真二つに割られた屋根の間に満月が煌々と照っていました。

　電気系教室では浸水を免れた教職員2人一組で、浸水家屋にお住まいの教

職員を何回かお見舞いに行きましたが、50年以上前の惨状は昨日のことのように脳裏を離れません。

＊　　＊　　＊

名大の想い出は語り尽くせませんが、最初の名大時代が私の研究人生の原点です。ご薫陶を賜った先達やお世話になった先生・友人に感謝の意を表し、併せて、名古屋大学と同窓会のさらなる発展を祈念します。

2. 青色発光ダイオードの実現──高品質窒化ガリウム単結晶が果たした役割

発光ダイオード小史

古来、人類はさまざまな光を求め続けてきました。最初の人工の光は"火（松明）"でしょう（第1世代）。さらに、135年前にT・A・エジソンらが発明した白熱電球を、第2世代の光源と呼ぶことにします。第3世代は、1937年に発売された蛍光灯で、その光は熱放射によらない冷光です。

そしていま、私たちは第4世代の発光ダイオード（Light-Emitting Diode：LED）、第5世代のレーザーダイオード（Laser Diode：LD）という、まったく新しい光を手にしています。LEDやLDの光も冷光ですが、第2、第3世代が真空技術を利用しているのに対し、LEDやLDは0.3×0.3×0.005mm^{3}ほどの半導体"単結晶"内での電流注入による発光を利用しており、小型で省電力、長寿命の固体発光素子です。つまり、LEDやLDは"光る半導体結晶"なのです。

今日、LEDはパソコン、スマートフォンやテレビの液晶画面のバックライトをはじめ、信号機や照明など、私たちの日常生活で当たり前のように使われています。

ところで、赤色や（黄）緑色 LED は 1960 年代に実用化されましたが、可視光のうち波長が最も短い（エネルギーが最も大きい）青色の発光素子（LED、LD）だけは、1970 年代後半になっても実用化の見通しはまったく立たない状況でした。

　高性能の青色発光素子を実現するには、[A] エネルギーギャップ（Eg）が 2.56 電子ボルト（eV）以上（波長：485nm〈ナノメートル：1nm は 100 万分の 1mm〉以下）で、[B] 発光遷移確率[※1] の高い直接遷移型半導体[※2] の使用が必須です。このように、Eg の大きい半導体は"ワイドバンドギャップ半導体"と呼ばれています。ちなみに、広く使用されているシリコン（Si）半導体のそれは、1.1 eV です。

　窒化ガリウム（GaN）は Eg が 3.4 eV の直接遷移型半導体で、青色発光素子材料として有望視され、1969 年に H・P・マルスカらがハイドライド気相成長（HVPE）法[※3] により単結晶膜の作製に成功したのに続き、1971 年 J・I・パンコフらにより MIS 型青色 LED[※4] が発表され、GaN 青色 LED の研究開発は一時急速に立ち上がりました（図 1 (a)）。しかし、高性能の発光素子をつくるには、前述の [A]、[B] の条件を満たす半導体の、①高品質（高純度で、格子欠陥の少ない）単結晶（図 2）、および、② pn 接合（図 3）の実現が不可欠です。半導体には、（荷電子の抜けた）正孔が伝導帯電子より多い（電気的にプラスの）p 型半導体と、伝導帯電子が正孔より多い（電気的にマイナスの）n 型半導体があります。一つの単結晶のある原子面を境に、片方が p 型、他方が n 型の半導体からなる構造を pn 接合と呼んでいます。pn 接合は、発光素子はもとよりトランジスタや太陽電池などの作製に不可欠な半導体素子の最も重要な構造の一つです。高品質の単結晶（①）は、高い発光効率を得るために必須ですが、p 型結晶を得るため結晶の電気伝導を制御するためにも不可欠です。しかし、GaN については①、②い

図1 GaN系青色発光素子の研究開発における重要事項

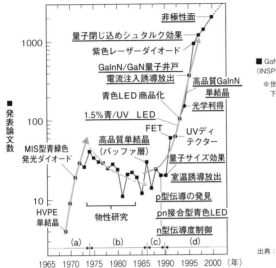

出典：I.Akasaki, J.Crystal Growth 300 (2007)のFig1を和訳

図2 窒化ガリウム（GaN）の結晶模型

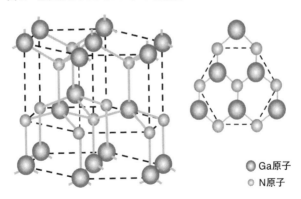

単結晶とは、試料のどの部分においても結晶軸の向きが同一である結晶と定義される（『理化学辞典 第5版』岩波書店による）。高性能発光素子の開発には高品質単結晶の実現が不可欠である

図3 高性能の発光素子の実現に不可欠であるpn接合の模式図

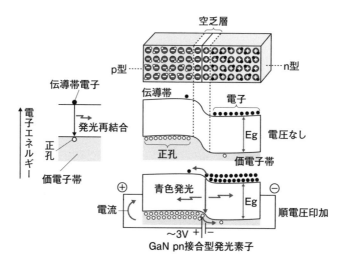

ずれも長年実現できず、しかもワイドバンドギャップ半導体では、pn接合作製に不可欠のp型結晶の実現は不可能ではないかという理論まで出され、1970年代後半には、世界中の多くの研究者がGaN研究から撤退したり、ほかの材料の研究に転向していきました。

青色発光素子の実現に向けて

　私は「発光素子や電子素子はtough(タフ)でなければならない」との信念から、「GaNは融点も窒素蒸気圧も非常に高く、結晶作製やp型の実現はきわめて困難であるが、なんとかして高品質の結晶をつくった暁には、toughな材料であるGaNによるきわめて安定な素子を実現できる」と考え、1973年、"前人未到"の「GaN系半導体のpn接合型青色発光素子の実現」への挑戦を開始しました。1974年、分子線エピタキシャル成長（MBE）[※5]を初めてGaN

に適用し、不均質ながらGaN単結晶膜をつくり、さらに、1975年から松下電器産業株式会社東京研究所の仲間とHVPE法に取り組み、1978年、それまでの最高の発光効率をもつMIS型青色LEDを実現しました。しかもn＋型負電極を結晶成長プロセス中につくり込むことにより、素子化が従来よりはるかに容易になりました。その成果を1981年、化合物半導体国際会議で発表しましたが、まったく反響はありませんでした。すでに世界中の多くの研究者がGaNから撤退し、関心をもつ人がいなかったのでしょう。筆者は、「われ一人荒野を行く」心境でしたが、たとえ一人になっても、GaN研究をやめようとは思いませんでした。

　ある日、クラック（ひび割れ）やピット（穴）の多いウエハーの中に、蛍光顕微鏡下できれいな微小結晶を見出し、一瞬目を凝らし、青色発光素子用材料としてのGaNの大きな可能性を再認識しました。そして、「ウエハー全体を、そのきれいな微小結晶と同等の品質につくれば、伝導性制御（p型結晶）も実現できる……鍵は"結晶成長"だ」と確信しました。

　こうして、1978年、もう一度、本研究の原点である"結晶成長"に立ち返ることにしました。これは、筆者のGaN研究だけでなく、閉塞状態（図1（b））にあった世界中のGaNの研究・開発にとっても、大きな岐路であったと思っています。

　ところで、結晶の品質は、結晶成長法とその条件に大きく依存します。筆者は、それまでのMBE法やHVPE法によるGaN結晶の成長体験をもとに、それぞれの方法の長所、短所をサファイア基板上へのGaN結晶成長という観点から比較検討し、1971年にH・M・マナセビッツらが実行しながら、その後、1979年当時GaNにはまったく用いられていなかった有機金属化合物気相成長（MOVPE）法（図4）を採ることにしました。この選択が正しかったことは、今日、GaN系結晶をはじめ青色LEDやLDなどほとんどの

図4　1979年から筆者が採用したGaN結晶の成長法

(1) GaN成長法として有機金属化合物気相成長法を採る（1979〜）
Metalorganic Vapor-Phase Epitaxy (MOVPE), (OMVPE), (MOCVD)

$$Ga(CH_3)_3 + NH_3 \longrightarrow GaN\downarrow + 3CH_4$$
〜1000℃　　　　　マナゼビッツら（1971）による

● 原料はすべてガス　● 単一成長温度での熱分解　● 逆反応がない
◎ 成長速度制御　◎ 組成制御　◎ ドーピングの制御　◎ 量産性

(2) 基板は、結晶成長条件（環境）に対する耐性と、
結晶対称性の類似性からそれまで同様サファイアを選ぶ

有機金属化合物気相成長法（Metalorganic Vapor-Phase Epitaxy）はMOVPE法とも略される

素子がこの方法で作製されていることから明らかでしょう。

低温堆積バッファ層技術による高品質GaN単結晶の創製

　1981年から、名古屋大学で小出康夫、天野浩の両大学院生らとMOVPE法によるGaN結晶成長を再開しましたが、一様な膜を成長させることは、なかなかできませんでした。反応管やガス導入方法など試行錯誤を繰り返し、1984年にほぼ均一膜厚の結晶を得ることができるようになりました。しかし、望みの鏡面結晶ではありません。GaNは、バルク（塊）単結晶の作製が困難であるため、エピタキシャル成長用基板として、異種結晶であるサファイアが広く用いられてきました。このような異種基板上へのエピタキシャル成長は、ヘテロエピタキシャル成長と呼ばれています。

　筆者は「高品質GaNの成長がきわめて困難であるのは、GaNと基板であるサファイアとで、格子定数そのほかの性質が大きく異なること（"不整合度がきわめて大きい系のヘテロエピタキシャル成長"（図5））に起因する両

図5 エピタキシャル成長の模式図

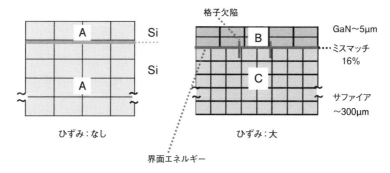

左は、基板と同じ結晶を成長させる場合（ホモエピタキシャル成長）、右は、基板と異なる結晶を成長させる場合（ヘテロエピタキシャル成長）

者間の大きな界面エネルギーが主因であり、基板とGaNの間に、単結晶ではない、融通無碍でかつ基板の結晶情報の成長結晶への伝達を妨げない程度の薄い層を"バッファ層"とする」ことを考えました。バッファ層材料として、窒化アルミニウム（AlN）、GaNや酸化亜鉛（ZnO）などが頭に浮かびましたが、まず、1966年から結晶をつくっていたAlNを試みることにしました。

こうして筆者らは、「GaNの単結晶成長に先立ってAlNの薄い（40〜50nm）層を単結晶の成長温度よりかなり低い温度（約500℃）で堆積した後、約1000℃に昇温してGaN単結晶を成長させる」新技術："低温堆積バッファ層技術"（図6）を開発し、1985年にクラックやピットがなく、無色透明で鏡面の高品質GaN単結晶の成長に成功しました（図1 (c)）。本技術によるGaN単結晶は、外観だけでなく、結晶学的特性、光学的特性および電気的特性などすべての重要な特性が、従来の結晶に比べて飛躍的に向上しており（図7）、それまで閉塞状態にあったGaNの研究開発にとって決定的な

図 6 低温堆積バッファ層技術の概要

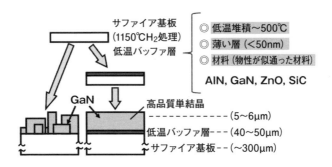

図 7 高品質 GaN 単結晶の創製

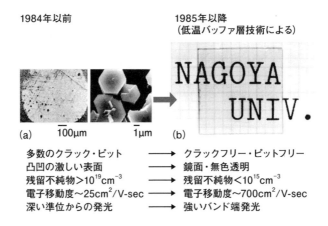

ブレークスルーとなったのです。なお、1991 年、中村修二（当時、日亜化学工業株式会社〈以下、日亜化学〉）が低温堆積 GaN バッファ層でも同様の効果があることを発表しました。今日、この「低温堆積 AlN（GaN）バッファ層技術」は、高品質の GaN および GaN 系合金（AlGaN、GaInN）作製には不可欠の技術になっています。

GaN における伝導性制御と pn 接合型青色 LED の実現

 次に、筆者らは、p 型結晶の実現を目指して、上記の高品質結晶へのアクセプタ不純物[※6]として亜鉛（Zn）のドーピングを繰り返しましたが、p 型結晶を得ることはできませんでした。しかし、その Zn をドープした高品質結晶に低速電子線を照射すると、Zn の関与する青色発光が、スペクトル不変のまま、強度が著しく増大する現象を見出しました（1988 年）。これは照射部位の電子状態（フェルミ準位）の変化（p 型化している可能性がある）を示唆していますが、残念ながら p 型には変換していませんでした。p 型結晶では、アクセプタ不純物はイオン化していることから、不純物のイオン化エネルギーを再検討しました。「イオン化エネルギーにかかわる"電気陰性度"は、J・C・フィリップスの電子軌道依存性を考慮した計算によると、マグネシウム（Mg）が Zn より大きい」。そのため、Mg は Zn よりイオン化しやすいのではないかと気づき、GaN の MOVPE 成長において、初めて有機 Mg 化合物：ビスシクロペンタジェニル Mg（CP_2Mg）を用いて Mg ドーピングを行い、電子線で活性化することによって、GaN における"p 型伝導"を世界に先駆けて実現（図 1 (c)）、ただちに、GaNpn 接合型高性能青色 LED を手づくりしました（1989 年）（図 8）。なお、Mg をドープした高品質 GaN 結晶を用いて、「電子線照射に代えて水素のない雰囲気中で熱処理する」ことで p 型結晶を作製する手法が 1992 年日亜化学グループにより開発されました。なお、筆者らは、すべての GaN 系合金（AlGaN、GaInN）の p 型伝導を実現しました。

 一方、バッファ層技術により残留不純物が激減する（高品質になる）ため、n 型結晶の電気伝導率（抵抗率の逆数）が著しく低くなっていることがわかりました。実際の素子作製では、さまざまな伝導率をもつ n 層が必要で、そのため伝導率を制御する必要があります。そこで筆者らは、同じ

図8　GaN pn 接合型青色発光ダイオードの実現

サファイア基板上のGaN LED群
写真の黒い点がpn接合型青色LED。中央の一つの
LEDのみに電流を流して発光させている

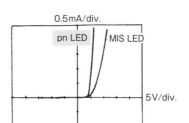

GaN LEDの電流―電圧特性
pn接合型青色LED（左）の特性は、ほぼ理論どおり。
一方、MIS型（右）は立ち上り電圧が高く、また、ばら
つきが大きい。「div.」は一目盛りの意味

　1989年、バッファ層技術を用いて結晶を高品質に保ちながら、シラン（SiH_4）を用いてSiをドープすることによって、n型結晶の伝導率を広範囲にわたって制御できる手法を開発しました。その後、1991年までにすべてのn型合金の伝導率の制御も達成しました（図1（c））。このn型GaNおよびGaN系合金の伝導率制御技術は、実用上きわめて重要で現在世界中で広く用いられています。こうして、pn接合型青色LEDをはじめとするGaN系窒化物半導体による発光素子や受光素子のほか、超高速／大出力トランジスタなど、従来の半導体では原理的に実現不可能な素子実現の基礎が1989年までに確立されました。

　これらの成果が引き金となり、1990年ごろからGaN系半導体の結晶成長と素子開発に関する世界中の論文数が指数関数的に急増するとともに、1993年12月の日亜化学によるGaN系pn接合型青色LEDの商品化をはじめ、

わが国を中心に世界中の諸機関で各種GaN系素子が次々に開発されています（図1(d)）。

　なお、GaNおよびAlGaN、GaInN合金におけるp型およびn型伝導率制御が達成されたことで、GaN系の種々の量子井戸構造[※7]の設計、作製が可能となり、現在、LEDやLDはすべて量子井戸構造になっています。

※1　遷移確率……原子や分子などの系が、一定時間に遷移（ある定常状態から別の定常状態へと移ること）する割合。
※2　直接遷移型半導体……伝導帯と価電子帯間の光子のやりとりに、格子振動のエネルギーを必要としないタイプの半導体。対して間接遷移型半導体がある。
※3　ハイドライド気相成長法……Hydride Vapor-Phase Epitaxy（HVPE）法。Ⅲ－Ⅴ族化合物半導体（GaAs、GaNなど）の気相成長において、Ⅴ族原料として、AsH_3やNH_3のような水素化物（Hydride）を用いる方法。
※4　MIS型青色LED……MIS は Metal insulator semiconductor の略。半導体表面に絶縁体膜をのせ、さらにその上に金属をのせた構造。pn接合がつくれないときに用いられる。
※5　エピタキシャル成長……基板結晶の上に、結晶方位のそろった結晶が成長する現象。
※6　アクセプタ不純物……半導体内のp型不純物のこと。
※7　量子井戸構造……境界層に電子や正孔を閉じ込めることができる半導体のヘテロ構造。

（1：名古屋大学全学同窓会ニューズレター『NUAL』No.14、2：国立科学博物館発行『自然と科学の情報誌［ミルシル］』第7巻第1号〈2014年1月〉連載「結晶　原子・分子の世界への入口──世界結晶年2014　第4回　青色発光ダイオードの実現──高品質窒素ガリウム単結晶が果たした役割」より転載。図1・図3：株式会社日本グラフィックス）

21世紀のビジョン「プラチナ社会」

小宮山 宏
(三菱総合研究所理事長、ローマクラブ・フルメンバー)

はじめに

　現在私たちは、人類史的な転換期を生きている。この転換期において、日本と世界がとるべき基本的戦略とは何かを考えてみたい。

　本稿ではまず、世界が転換期にあることを、現状を歴史に位置づける具体的指標によって明らかにする。そして、その現状を受けた21世紀のビジョンである「プラチナ社会」、プラチナ社会実現のための創造型需要とその産業化、物質とエネルギーの観点からの具体像に関して述べ、最後に、日本の基本戦略について提案する。

世界の現状

　人類の転換期の背景として、産業革命の飽和、人工物の飽和、長寿化の3点が重要である。

産業革命の飽和

　世界経済の変遷を見るために、主要国の一人当たりGDPをその時代の世界平均の一人当たりGDPで除した値を図1に示す。この値は、1000年前にはいずれの国もおおむね同じ水準であった。ところが国家間に徐々に差が生

図1 産業革命飽和の状況

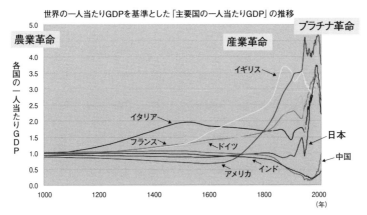

出典：Angus Maddison: Statistics on World Population, GDP and Per Capita GDP, 1-2008 AD
The Conference Board *Total Economy Database*™, January 2012, http://www.conference-board.org/data/economydatabase/

じ、先進国と途上国の間に40倍から50倍の差が生じた時代もあった。

　数世紀前まで、産業はほぼ農業のみで、ほとんどの人は食べるのに精一杯という状況であり、したがって、国家間の格差は大きくなかったのである。約200年前の産業革命がこの状況を一変させ、生産性を飛躍的に増大させた。産業革命が普及した国は先進国になり、一人当たりGDPが増加した。

　しかし、最近の10年から20年、先進国の値が急激に落ち込んできている。理由は先進国が貧しくなったからではない。中国やインドといった新興国が工業化を進めることで急成長し、世界平均の一人当たりGDPが増加したからである。

　農業の生産性をもとに1000年前との比較をするなら、現在は数百倍ほど豊かなレベルで、一人当たりのGDPが国家間で均一化していく傾向にあるといえよう。有限の地球の中で産業革命とそれに伴う豊かさが飽和しつつあることが、現在を歴史的転換期と位置づける背景の第一である。

人工物の飽和

　人口当たりの自動車台数を図2に示す。日本は0.45〜0.46台であるが、他の先進国の値もほぼ同じ値約0.5台であることに気づく。すなわち、先進国は2人に1台の自動車をもった時点で保有台数が飽和している。

　現在、日本には5800万台の自動車がある。これが定常状態であるから、廃車台数だけ新車が売れていることになる。自動車は約12年で廃車になることから、5800万台を12年で割った値の480万台が新車の需要となるはずであり、実際現在、日本の平均的な内需はこの値で推移している。先進国の経済成長率が低レベルに落ち着くことの基本的な背景は人工物の飽和、それに応じた需要の飽和なのである。

　中国は高度経済成長の段階にあり、内需は飽和していないものの、飽和までの成長がそれほど長く続くわけではない。フランス、ドイツ、日本などの先例に倣うならば、今後7、8年で内需が飽和するものと予測される。中国に10年遅れてインドが飽和し、アフリカ諸国もそれに続くであろう。こうした自動車需要の飽和が世界の多くの国において2050年までには起こる可能性が高い。

　途上国の発展過程においては、道路や鉄道などのインフラの建設が第1段階、少し豊かになり市民が家電製品などを買えるようになるのが第2段階、所得が高水準になって自動車を買うのが第3段階である。自動車が最も遅れて飽和する人工物であり、この自動車が中国やインドで20年以内、世界的にも2050年には飽和する可能性が高いわけである。

　したがって、2050年を人工物の飽和が世界的に広がる目安の時期と考えるべきである。すなわちすでに、量的拡大による経済成長には限界が見えているのだ。

　人工物の飽和の先行指標としてセメントの生産量も重要である。2012年、

図2　人口当たりの自動車台数

人工物の飽和の最終段階、そして需要不足

	2007年		2010年		2014年
	保有台数 (百万台)	一人当たり 保有台数	保有台数 (百万台)	一人当たり 保有台数	
日本	58	0.45	58	0.46	
アメリカ	138	0.45	119	0.38	
イギリス	31	0.51	31	0.50	
フランス	31	0.50	31	0.50	
ドイツ	41	0.49	42	0.51	
中国	32	0.02	61	0.05	0.10
インド	13	0.01	13	0.01	

出典：Japan Automobile Manufacturers Association, Ministry of Internal Affairs & Communications

中国でセメントがストックベースの生産量で、一人当たり16トンを超えた。これはちょうどアメリカと同じ量である。

このことは、すさまじい現象が中国で起きていることを示唆する。すなわち、アメリカには約100年かけてつくりあげた道路などのインフラがあるのだが、中国にはすでに、その約5倍のインフラが存在するのだ。中国では、建設したビルへの入居者が見つからないといった状態が珍しくなくなったという報道がある。それは単なる経済的循環によるものではなく、人工物の飽和を反映した構造的要因によるものと考えるべきだろう。

人工物の飽和が歴史的転換点を示す第二の背景である。

長寿化

少子高齢化と通称されるが、少子化と長寿化とに分けて考える必要がある。出生率が2を割れば、その社会あるいは人類はいずれ消滅することにな

図3 人類の長寿化の様子

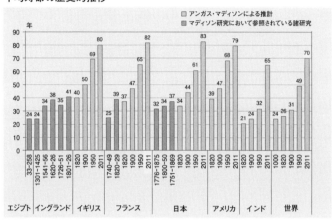

出典：http://www2.ttcn.ne.jp/honkawa/1615.html　2011データ：World Health Statistics 2013 (WHO)

る。したがって、少子化は解決すべき課題である。一方、私たちが長生きできるようになったのは文明の成果であって良いことである。経済的には、長寿に関連した新産業が生まれる源泉であると積極的に捉えるべきなのである。

　人類の長寿化の様子を表したのが図3である。20世紀初頭からの1世紀あまりの間に、世界の平均寿命が31歳から70歳にまで延びたことが見て取れる。驚くべき進歩であろう。

　古代からほとんどすべての人は栄養不良であり、乳児死亡率も高かった。飢饉がくれば相当数が亡くなり、伝染病が流行すればより多くの人が亡くなった。その結果、平均寿命は世界のほとんどの地域で24〜25歳だったと考えられている。

一方で、歴史的に名を残した人々は例外的に豊かな階層に属する特異な人であり、現在の平均寿命と比較しても遜色ない期間生きることができたのである。

　20世紀に入るころでも、食料の不足なく食べていける人の割合は、先進国の人口相当である世界全体の10％程度にすぎず、ほとんどの人は相変わらず不十分な食に瀕していた。その結果が、1900年の平均寿命31歳ということであろう。

　今では世界の平均寿命が70歳を超え、先進国の平均寿命は78歳に達した。平均寿命が食を不足なく得られる人の比率を反映することを考えれば、アフリカなどでの貧困や飢餓は依然深刻な問題であるものの、世界全体で見れば多くの人が食べていけるようになったのである。

　食料確保に不安をもたず、長寿が常識化した時代を人類は史上初めて経験している。

　以上、産業革命の飽和、人工物の飽和、長寿化、この3点が人類が転換期にあることを明確に示す指標であると考える。

21世紀のビジョン「プラチナ社会」

　社会が食や自動車に代表される物質的豊かさを求める時代には、豊かさに直結するGDPは社会の目標として適切であった。しかし、先進国ではすでにGDPに多くの人の共感を得ることはできないのではないか。人類史的転換期における先進国では、クオリティ・オブ・ライフ（QOL）の向上を社会目標にすべきだと考える。GDPを直接目標とせず、QOLを求めることが新しいビジネスを生み出し、結果的にGDPも増大させる、GDPの意味はその程度に考えるべきだとするのである。

21世紀のビジョンとして「プラチナ社会」を提案する。

プラチナ社会の定義

現在、先進国においては一般市民のほとんどが衣食住、移動・情報の手段、長寿を手にしている。

例えば「衣」の面では、量販店の販売する高機能な商品が安価に手に入るようになった。「食」の面では、多くの人が食に事欠くことがなくなり、油断すると栄養過多にもなりかねない。「住」については、現在日本には6000万軒の家があり、世帯数は5000万、800万軒が空き家である。贅沢を言わなければ住むに困ることはない。また、移動手段としての公共交通や自動車の普及と飽和、情報通信手段であるインターネットや携帯電話の普及に加え、長寿が実現した。

すなわち、量的な豊かさが先進国を中心に多くの人々に行き渡ったのが現在である。

今後、私たちが追求していくのは、生活や社会システムの質、QOLである。例えば、単に長生きできる環境をつくるのではなく、健康で誇りのある長寿を目標にしていくというのが、正しい戦略であろう。量的に豊かで、高いQOLを享受できる社会、そうした来たるべき社会をプラチナ社会と定義する。

飽和型需要と創造型需要

以上を踏まえた国家戦略の議論が必要であるが、多くの人々が共有する戦略にはわかりやすさが肝要である。論点を明確にするために、「飽和型需要」と「創造型需要」の2つに分けて考えよう。

モノの需要は、中国やインドなど巨大な市場であっても飽和する。これを

飽和型需要と呼ぶ。20世紀を牽引した産業のほとんどは飽和型需要を対象としている。

　一方、質を高めるための需要を創造型需要と呼ぼう。暮らしの質を高めることを追求すれば、それは人の欲求であるからビジネスが生まれるはずだ。健康の増進や自立の支援、再生可能エネルギーの普及、住宅の省エネ化や快適化などに伴って需要が生じる。創造型需要は質的であり飽和しない。そうした産業を「プラチナ産業」と呼ぶ。

　日本の国家戦略の基本は、①飽和型需要を追求する20世紀型産業の延長戦、②創造型需要を切り開く21世紀型のイノベーション競争の二正面作戦である。①は既存産業によって当然議論されるから、②の議論を活性化させる必要があるのだ。

ビジョン実現のための創造型需要

　創造型需要としては、省エネルギー、再生可能エネルギー、都市鉱山、農林水産業など生態系、高齢化への対応、健康自立や自己実現の支援などさまざまなものが挙げられる。本稿では、エネルギー・資源分野に焦点を当て、自給国家日本に向けて、省エネルギー、再生可能エネルギー、都市鉱山を取り上げる。

省エネルギー

　1973年の第1次石油危機、1979年の第2次石油危機を経て、石油の値段は10倍から20倍に高騰し、世界経済の状況は悪化した。ところが日本はこれを契機に鉄鋼、化学、紙パルプ、ガラス、セメントなどあらゆる産業が省エネルギーを進め、石油危機を克服した。セメントを例にとれば、セメン

ト1トンつくるのに必要なエネルギー量は30年間で半分に減少した。生産量を減らすのではなく、エネルギー効率を劇的に高めることによって、世界一競争力の高いものづくり国家をつくった。エネルギー危機というピンチを大きなチャンスに変えたわけである。

　プラチナ社会の省エネルギーはどう考えるべきだろうか。当時はエネルギーの3分の2はものづくり、すなわち産業分野が消費していた。また、省エネルギーの十分な潜在力があった。一方、今は状況が異なる。図4に示すように、日々の暮らし、つまり家庭と業務と輸送がエネルギーの約60%を使っている。

　業務で省エネを図るためには、エネルギーマネジメントなどと呼ばれる制御技術の導入は効果的である。ハードな面では、古いオフィス・ビルのリフォーム、さらには建て替えが望ましい。50%あるいはそれを超えるような大きな省エネにつながるからだ。家庭や業務で最大の省エネ効果をもたらすのが二重窓の導入、一般的には断熱性能の向上である。例えば建築基準法の改正、建築規模別の省エネ基準の適合義務化の前倒しなどで、こうした分野の省エネに政策的にも力を入れて進める必要がある。

　省エネルギー対策を施した建築物に住むことで、健康などQOLは著しく向上する。同時に、伝統的に建築物の断熱性能に弱点を有する日本にとっては大きなビジネス・チャンスともなる。

　運輸関係の省エネは、将来への道筋がすでに見えている。日本を先頭に自動車メーカーの努力により、ガソリン消費は日本ではすでに毎年約2%減少している。日本の自動車メーカーが海外で販売を増やせば、世界のエネルギー消費にも貢献するわけだ。シェアリングなどシステム面の新ビジネスによる省エネにも大きな可能性がある。また、鉄道輸送の比率を高めれば省エネは進む。鉄道と宅配便など車との連携を図り、鉄道輸送を増やすことなど

図4　エネルギー消費の変遷

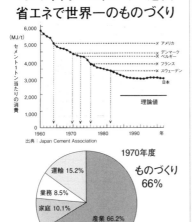
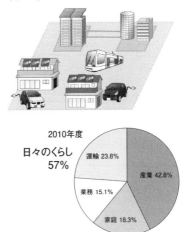

でエネルギー消費の削減が進むであろう。

このように、建物や運輸、すなわち現在約6割を占める日々の暮らしのエネルギー消費を削減する可能性はきわめて大きい。これらのエネルギー消費の理論値は実質的にゼロというのがその背景である。

再生可能エネルギー

日本の人口は減少し、自動車や建築物の数が増加しない状況において、それらのエネルギー効率は増大する。実際、自動車はハイブリッド、電気自動車、燃料電池車などとなり、ゼロエネルギー住宅はもちろんゼロビルも実現されつつある。つまり、図5に示すとおり先進国のエネルギー消費が大きく減っていくことは確実なのである。

図5　2050年の日本のエネルギー需給

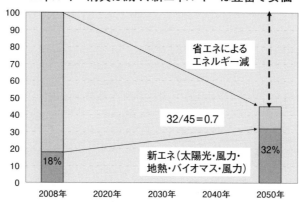

これが転換期のプラチナイノベーション

図6　2040年のエネルギー資源別世界の電力供給

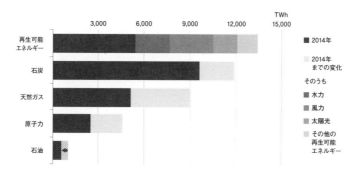

一方 2050 年、あるいははるかに早く、再生可能エネルギーの総量（太陽光、風力、地熱、バイオマス、水力）を 32％にまで増やすことは可能である。このことは、日本のエネルギー自給率でいえば 70％に相当することから、ほぼエネルギー自給国家を達成するものであり、それを目標とすべきである。

　人類史の転換期において、エネルギー国家戦略も大きな転換が求められている。日本のエネルギー戦略は 2050 年にエネルギー自給を目指すこととすべきである。

　2015 年 11 月に発表された国際エネルギー機関（IEA）の「世界エネルギー見通し 2015（World Energy Outlook 2015）」に記載された将来の電源別の発電電力量を図 6 に示す。2040 年には再生可能エネルギーからの発電が最も多くなることを予測している。世界はすでに再生可能エネルギーに向かっているのだ。

都市鉱山

　日本には地下資源が少ない。しかし、リサイクルによって金属資源の自給が可能だと考えられる。

　2010 年、世界全体の鉄鋼生産量は 14 億トンであった。鉄鉱石を還元して高炉でつくった量は 10 億トン、スクラップからつくった量は 4 億トン、つまりリサイクル鉄はすでに鉄鋼生産量の 30％に達している。スクラップからの鉄鋼生産のエネルギー消費は、鉄鉱石からと比べ、理論的には 27 分の 1、実際の生産でも 3 分の 1 にすぎない。スクラップは鉄鉱石よりエネルギー的に優れる資源なのである。

　アルミニウムの生産では、スクラップからの場合、天然資源であるボーキサイトからの生産と比較し、理論的には 83 分の 1、現実にも 30 分の 1 しか

エネルギーを消費しない。鉄の場合と同様だ。これらの金属は大気中で酸化されており、酸素を奪うこと、すなわち還元に多大なエネルギーを必要とする。一方スクラップは表面を除き金属であり、還元のエネルギーと比べてはるかに小さい融解のエネルギーで再生することができるからだ。これが、スクラップが天然資源よりも優れる原理である。

金は大気中で酸化されない。しかし、南アフリカの鉱山では、金鉱石1トンから5〜10グラムしか金を採取できないが、携帯電話機を集めると1トンから250〜300グラムの金を回収できる。アフリカの鉱山よりも携帯電話機のほうが50倍ほど品位が高いのである。

人工物の飽和とは、廃棄量と新たに必要な製造量が等しいこと、すなわち都市鉱山に必要十分な蓄積があることを意味する。必要十分量があること、省エネルギーになること、この2点が金属リサイクルの合理性の根拠である。21世紀、疑いなく世界は金属リサイクル社会に向かうであろう。

日本は、エネルギーと鉱物の自給、少なくも70％の自給率を目指し、その優れた技術力によって世界を牽引すべきであると考える。

プラチナ社会と日本の基本戦略

プラチナ社会のための必要条件と日本がとるべき基本戦略を提案する。

プラチナ社会の必要条件

プラチナ社会の必要条件を図7に示す。エコロジー、資源の心配がないこと、健康な加齢、老若男女の参加などが挙げられる。

そして何よりも雇用があることが重要である。高齢者の約40％が2030年には独居と予測されるが、これらの人が社会から孤立した存在になるという

図7　プラチナ社会の必要条件

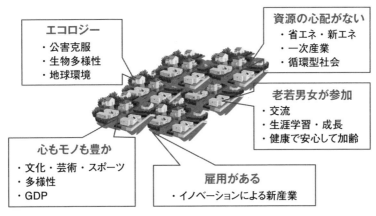

この周辺に新しいビジネスがある

のは最悪のシナリオである。最近の認知科学や行動科学でも明らかにされていることであるが、孤立して他者との会話がないと人は認知症になりやすい。人が社会との絆を保ち続けることはきわめて重要であり、雇用はそのための最良の手段の一つである。雇用はプラチナ社会の不可欠の条件だ。

　物質的豊かさが行き渡れば、QOLという新たな物差しが社会を評価するうえで重要になり、世界共通の指標となっていくだろう。飽和型需要の奪い合いはゼロサムのゲームだ。日本にのみ成立する戦略を主張しても、世界からは理解しようというインセンティブすら生じない。一方、QOLの高いプラチナ社会というビジョンは、世界が共有できるものである。プラチナ社会へ向かう過程で、創造型需要を顕在化させ、新たなプラチナ産業を生み出す。それが課題解決先進国になるということの、私が考える具体像である。

日本の基本戦略

　文明が発展し、多くの人々が量的豊かさを獲得しつつあり、地球の有限性による課題が生じた。この状況が社会全体に根源的な変化をもたらしている。

　「課題先進国」日本は、かかる転換期であるがゆえに、「課題解決先進国」として世界をリードする可能性を有している。課題解決先進国としての未来ビジョンは、世界が共有可能なものでなければならない。「プラチナ社会」は共有可能である。日本の利は、このビジョンを世界に向けて提示し、自らそこに向かうことによって生まれるであろう。それが、日本がとるべき基本戦略である。

（『日本設計工学会誌』2016 年 5 月号より転載）

ローマクラブと持続可能な社会──ハピネスを探して

林　良嗣（中部大学総合工学研究所教授、
　　　　　ローマクラブ・フルメンバー）
×
丸山一平（名古屋大学大学院
　　　　　環境学研究科都市環境学専攻准教授）

ローマクラブと日本

丸山　ローマクラブにはどんな人がいて、どこでどんな議論をしているのですか。林先生がローマクラブのメンバーに選出されたのは、2015年でしたね。もう会合などに行かれたのですか。

林　1年に1回、総会があります。昨年は本部のあるスイスのヴィンタートゥールで開催されました。チューリッヒに近い小さな町です。丸二日の会議で、1日目の午前中は総会、その後は一部屋で経済、環境、政治などテーマごとに3名の報告、2名の討論者で密度の高い討議を行います。ローマクラブのメンバーは100人で、およそ政治家30人、企業人30人、学者30人の構成です。忙しい人ばかりなので、どう運営されているのだろうと思っていたら、8人くらいのメンバーから成るエグゼクティブコミティというのがあって、それを選挙で選んで、すべてそこに任せるんです。2012年にスウェーデンのアンダース・ウィクマン博士（前欧州議会議員）とドイツのエルンスト・ウルリッヒ・フォン・ワイツゼッカー教授（カッセル大学創設学長、元ドイツ国会議員、名大名誉博士）が共同代表になりました。

　ローマクラブは人類の重大問題（Problematique）について討議して、ソリューションがどちらの方向にあるかを提示する、それがミッションです。

林 良嗣　　　　　　　　　丸山一平

ディスカッションやシンポジウムを経て集約し、ローマクラブレポートとして提言します。

丸山　ローマクラブの始まりを少しお話しいただけますか。

林　ローマクラブの創設者は企業人です。タイプライターで有名なイタリアのオリベッティ社の副会長、アウレリオ・ペッチェイ。イタリアでは財界のトップだし、当時は世界トップメーカーなので誰もが知っている。そういう人が、将来、人口が指数関数的に増えてくる状況に対して、食糧増産が追いつけない、環境破壊は人類にどう影響を及ぼすのか、そういう問題に対処すべく創設したのです。それが1968年、ローマで集まったからローマクラブ。ローマクラブには発足当初に、日本人がものすごく貢献しているんです。その人は大来佐武郎[※1]、のちに外務大臣を務めた人です。彼は、エグゼクティブコミティのメンバーでした。ローマクラブは民間のNGOの立場でやっていくのだけれど、のちに、世界全体の問題として国連がきちっと取り組むべきではないかと考え、それを原文兵衛[※2]環境庁長官と一緒に国連に進言していくわけです。それにより、国連に「環境と開発に関する世界委員会」が設置され、その委員長を務めたのがブルントラントさん[※3]といって、ノル

ウェーの首相を歴任した女性です。そしてこの委員会がまとめた報告書から、「持続可能な開発（Sustainable Development）」という概念が打ち出されたわけです。

　ローマクラブの最初は、地球は有限であり、我々は宇宙船地球号に乗った運命共同体であると、資源や環境問題と経済活動を対峙させて考えてきた。それが時代を経て、経済活動と環境を両立させる発想に変わってきた。とりわけ途上国では、貧困のままでは環境汚染を改善する投資もできないですからね。サステナブルを模索しないといけない。このローマクラブの理念の大本には日本人が関わっていた。これは日本にとって重要なことで、今の時代にもっと世界に貢献する日本人が出て、国としても重要な議論をリードすべきですね。今は腰が引けてますよ。

ハピネス――トータルな豊かさの追求

丸山　最新のレポートには先生も関わられているのでしょうか。

林　まだタイトルが正式に決まっていないのですが、「Come on !」というレポートの準備がすでに進行中で、途中からですが、私も関わっています。私には、都市化→モータリゼーション→気候変動→災害といった空間に関わる知見を期待されています。

丸山　おもしろいですね。

林　一つは貧困のスパイラルについて。ワンウェイ・エコノミーからサーキュラー・エコノミーへ、そういう考え方が必要ではないかと議論されています。貧困層が貧困のまま取り残されるのではなく、経済がうまく社会全体に還流するようなシステムを考えようというもの。

丸山　その仕組みは何によってつくられるのですか。税の取り組みは昔から

福祉として議論されていますが、別の議論もあるのでしょうか。

林 いろんな意見があって、ワイツゼッカーさんは税の仕組みが重要だと言っています。

丸山 イギリスのEU離脱もそうですが、グローバル化は市場が大きくなってしまうために弱者に着目すると、よりひどい弱者が次々と生まれる。そのために市場を区切って、ひどい弱者が出ないように、グローバリズムの反動としてセクショナリズムが生まれる。グローバル化で非常に富める者の論理が強者の論理として普及してしまいますが、還流のシステムがないと、この調子ではグローバル化の正義というのはなかなか通りにくくなってしまうのではないでしょうか。

林 ワイツゼッカーさんが京都会議の少し前、1995年ごろに「ファクター4」を出し、そこでは、豊かさを2倍に、資源利用を半分にということで、同じGDPを稼ぐために使う資源の効率を4倍上げようと提案した。その後2007年に出た「ファクター5」では、経済も含めたトータルな豊かさの概念として「ハピネス」が出てきた。合言葉としては、「efficiencyからsufficiencyへ」。そういう発想をしていくべきではないかと。

丸山 sufficiencyはどういうふうに評価するんでしょう。それはアジア的な「足るを知る」ということではなくて、経済的な尺度で測る別のものなのでしょうか。

林　私は、都市において、土地利用やインフラ整備に必要な将来コストと、それがもたらす経済機会、生活文化機会、アメニティ、災害リスク、環境負荷軽減など、個人の幸福度（Quality of Life＝QOL, Well-being）の向上度合いを求め、その比率であるパフォーマンスで sufficiency を評価しています。「足るを知る」と言われましたが、少しの投入資源でもそれを幸せに感じる。究極はそこに行き着くことではないでしょうか。

　そのために、自分に近い、土木・都市計画的なことでいうと、一定の公共投資の予算の中で、道路、鉄道をどう敷くか。今までは、道路と鉄道、別々に、それぞれの効率を念頭に計画されてきた。そうではなくて、人々のハピネスから考えてみる。例えば、高齢の男性にとっては医療施設へのアクセスの良さが、その安心感からハピネスを高め、一方、若い女性はショッピングへのアクセスを重視する。今までの都市づくりは働く世代のために、郊外鉄道などを整備して効率を上げていくという観点で突っ走ってきたが、ハピネスの分布から考え、リタイアした人々が郊外都市のコミュニティでいきいき生活するための LRT（次世代型路面電車システム）を整備する。

　人は何によって満たされるのか。従来の、所得を上げればいいというのではなく、バランスを見る必要があるし、もっとポジティブな、人にとって心地の良い空間やインフラの組み合わせをつくらないといけない。そんなイ

メージなんですね。

丸山 ヨーロッパのように一か月休んでバカンスに行ったり、ボランティアをしたり、日本での生活自体を社会の関わり方の多様化を中心に制度設計し直さないと、社会全体の活力や満足度を上げるのは難しいですね。一つのところで落ちこぼれてしまっても、別のところで満足するという道が、閉ざされてしまっている。多様性がないことが日本での問題なような気がします。

林 我々はいろいろな都市でQOLを測っています。シンガポール、南京、今年はライプチヒでも測ろうと思っている。さまざまな都市で人間は高齢化し、経済はしぼむ、気候変動も始まる。そうした中で生きていかなければならない。どうしたら幸せに暮らせるか。やはり、今までの物理的インフラと土地利用の見直しが迫られていると思う。人口が今世紀末で半分になるのなら、市街地も半分にしていかないと、インフラの維持管理が不可能となる。そこで求められるのは、今まで使っていた空間の範囲内で建築と土木の間くらいのスケール感のインフラや、人が交流しやすいような演出をすることです。

　中国は一人っ子政策をとってきて、人口の高齢化には非常に危機感をもっています。上海で調査したとき、高齢者のコミュニティセンターの前に、老人用の筋トレ遊具と子どもの遊具が一緒に置いてあって、見ていたら、小さい子を遊ばせていた若いお母さんが、ベンチに座っていた高齢者の女性と話し始めた。異なる世代がつながる仕掛けなんです。たわいもないことですが、日本でも、建築・土木はもっと演出力をもたないといけない。

丸山 日本の人口は2065年に8100万人と予測されています。つまり次の50年で4500万人が減る。現在の関東・関西・中部以外の人口が丸ごとなくなるということ。あと50年。介護の問題も重要なんだけれど、4500万人がいなくなった日本がどうなっていくのか。日本全体のこととして重要な問題

です。

次代の方向性を指し示す

林 ローマクラブは、本当に、全然知らなかった世界なんです。例えばマンデラさんと一緒に黒人の人権運動をしていた女性活動家がいたり、そういう出会いにすごく刺激を受ける。これは私みたいな年齢になってからではなく、若いときに留学でも何でもいいから飛び込んでほしい。違う国に行けば文化も考え方も違うし、経済社会の発展段階も違う。そこで人と出会って、あれっと思う。そうするとベーシックなところで理解をし直す。右脳がそこで働いて組み立て直さざるを得ない。そういう癖をつけるメニューを教育プログラムの中でつくる。そういうことを、日本の大学は抜本的に考え直さないといけないと、つくづく感じます。

丸山 確かに、本当にチャレンジングなことをサポートするというのが、日本に文化としてないですからね。

林 自分が思ってもみなかった議論が出てくるようなところへ飛び込む、そういう機会をどうつくるかですね。基礎が大事といわれるが、多くの場合、社会通念や学問体系としての常識（縦）。しかし今、それらを超えて非常識（横）を受け止めてデッサンしていく基礎が必要ですね。

丸山 「環境」をキーワードにするのは、もう当たり前になってきた。通常の工学部でも環境を考えずに研究している人はいないですね、そうなったときに、名古屋大学の環境学研究科は日本の中で何をリードしていくか。これを今考えて、もう少し見直していかないといけない。そこはマーケットと商品開発の関係と一緒で、環境ということが認知された社会と一緒に成長するために、次の一歩を考える必要がある。それをどう組み立てていくかが、こ

れからの 10 年、問われてくるのではないでしょうか。

林 私、環境学研究科はローマクラブと非常に発想が近いところがあると思うんです。ローマクラブは個別のソリューションを出すことはやりません。一つの方向性を見せることを大切にしています。環境学研究科も、分野の違う研究者がつながって、もう一段高度な知恵を構築する、それが一番の狙い。解答を出すことが使命ではない。

丸山 わかります。ディスカッションしたことが、筋が通っていて、物語になっていればいい。

林 そう。物語を提供できるかどうかがすごく重要で、そこから先は、その物語を数値モデルにしたり、あるいは、もっとポリティカルにアピールする。だから見通しを与えられるかどうかというところに主眼を置いたらいいと思う。

丸山 今後、ローマクラブでどんなことをされたいか、何か抱負はありますか。

林 メンバーのうち学者 30 人の中で、ほとんどが政治学、経済学の分野。工学はほとんどいません。私は 20 年近く QOL の研究をしています。空間屋なのでスペースに基づいた分析をし、そのための道具も開発してきました。同期生というとおこがましいですが、経済学者のスティグリッツさん[*4]も、国際的なウェルビーング指標体系をまとめるヘッドをされている。彼は全体をまとめ、こちらはきわめてミクロに分析する。そういうところで自分の分析能力を生かしていけたらと思っています。

※1　大来佐武郎（1914 〜 1993）……戦後日本を代表するエコノミスト、第 108 代外務大臣。
※2　原文兵衛（1913 〜 1999）……第 13 代環境庁長官、第 20 代参議院議長。

※3　グロ・ハーレム・ブルントラント（1939～）……1981年にノルウェー初の女性首相となる。世界保健機関（WHO）元事務局長、同名誉事務局長。小児科医。
※4　ジョセフ・ユージン・スティグリッツ（1943～）……アメリカの経済学者。2001年ノーベル賞受賞。ビル・クリントン元大統領の政策諮問委員長を務める。

（名古屋大学大学院環境学研究科広報誌『環』vol.31より一部修正して転載）

●プロフィール

〔著者紹介〕

エルンスト・フォン・ワイツゼッカー
ローマクラブ共同会長　1939年スイス・チューリッヒ生まれ。
36歳でカッセル大学学長、世界初の地球環境政策を研究するヴッパータール研究所の創設所長、国連環境計画（UNEP）国際資源パネル共同議長などを歴任。メルケル環境大臣（当時）の指南役としても知られる。その後、ドイツ連邦議会環境委員会の委員長としてドイツが今日の環境王国となる基礎を築く。多くの著作があり、特に京都会議COP3前に書かれた『ファクター4——豊かさを2倍に、資源消費を半分に』は13か国語に翻訳され、全世界に知られる。ドイツ連邦共和国大十字勲章など多くを受賞。

赤﨑　勇
名古屋大学特別教授、名城大学終身教授　1929年鹿児島県生まれ。
専門は半導体工学。世界に知られる高効率の青色LEDの発明に対して、数々の受賞をしており、2014年度にはノーベル物理学賞を受賞。文化功労者、文化勲章受章者、日本学士院会員。

小宮山　宏
三菱総合研究所理事長、ローマクラブ・フルメンバー　1944年栃木県生まれ。
東京大学総長、工学・技術を極めた人々の集団である日本工学アカデミーの会長を歴任。専門は化学システム工学、地球環境工学。持続可能な地球社会についての造詣が深く、プラチナ社会を提唱する。

天野　浩
名古屋大学未来エレクトロニクス集積研究センター長　1960年静岡県生まれ。
専門は半導体工学。赤﨑教授とともに青色LEDを実現し、ノーベル物理学賞を受賞。文化功労者、文化勲章受章者。最近では、技術の社会への貢献、途上国への貢献についても発言を行っている。

飯尾　歩
中日新聞論説委員　1960年愛知県生まれ。
1985年中日新聞社入社。環境問題と農業を主に担当。2012年、名古屋大学環境学研究科グローバルCOEプログラム「地球学から基礎・臨床環境学への展開」主催のシンポジウムにて、ワイツゼッカー教授とともに登壇。

〔編者紹介〕

林　良嗣
中部大学総合工学研究所教授、ローマクラブ・フルメンバー　1951年三重県生まれ。
専門は、都市持続発展論。個人のQOLに基づいたインフラ、コンパクトシティ政策などの評価方法を開発し、立地適正化を図るスマートシュリンクを提唱する。80か国余が集まる世界交通学会の会長を務める。

中村　秀規
富山県立大学工学部講師　1972年岩手県生まれ。
2012年東京工業大学大学院社会理工学研究科博士課程社会工学専攻修了。博士（学術）。地球環境戦略研究機関、名古屋大学大学院環境学研究科などを経て、現職。専門は環境政策、環境ガバナンス、臨床環境学、社会工学。

名古屋大学 環境学叢書 5
持続可能な未来のための知恵とわざ
――ローマクラブメンバーとノーベル賞受賞者の対話

2017年7月28日 初版第1刷発行

編 者	林　良嗣
	中村　秀規
発行者	石井　昭男
発行所	株式会社 明石書店

〒101-0021　東京都千代田区外神田6-9-5
電話　03 (5818) 1171
FAX　03 (5818) 1174
振替　00100-7-24505
http://www.akashi.co.jp

装　丁	明石書店デザイン室
印　刷	株式会社文化カラー印刷
製　本	本間製本株式会社

(定価はカバーに表示してあります)
ISBN978-4-7503-4551-2

JCOPY〈(社)出版者著作権管理機構　委託出版物〉
本書の無断複写は著作権法上での例外を除き禁じられています。複写される場合は、そのつど事前に、(社)出版者著作権管理機構（電話 03-3513-6969、FAX 03-3513-6979、e-mail: info@jcopy.or.jp）の許諾を得てください。

ビッグヒストリー われわれはどこから来て、どこへ行くのか
宇宙開闢から138億年の「人間史」
デヴィッド・クリスチャンほか著　長沼毅日本語版監修
●3700円

OECD世界開発白書2 富のシフト世界と社会的結束
OECD開発センター編著　門田清訳
●6600円

OECD世界開発白書
OECD編著
●3700円

OECD幸福度白書3 より良い暮らし指標：生活向上と社会進歩の国際比較
OECD編著　西村美由起訳
●5500円

地図でみる世界の地域格差 都市集中と地域発展の国際比較
OECD地域指標(2016年版)オールカラー版
OECD編著　中澤高志監訳
●5500円

国連開発計画（UNDP）の歴史 国連は世界の不平等にどう立ち向かってきたか
世界歴史叢書
クレイグ・N・マーフィー著
峯陽一・小山田英治監訳
●8800円

よくわかる持続可能な開発 経済、社会、環境をリンクする
OECDインサイト④
トレイシー・ストレンジ、アン・ベイリー著　OECD編　濱田久美子訳
●2400円

スモールマート革命 持続可能な地域経済活性化への挑戦
マイケル・シューマン著　毛受敏浩監訳
●2800円

グローバリゼーション事典 地球社会を読み解く手引き
アンドリュー・ジョーンズ著　佐々木てる監訳
●4000円

災害とレジリエンス ニューオリンズの人々はハリケーン・カトリーナの衝撃をどう乗り越えたのか
トム・ウッテン著　保科京子訳
●2800円

3・11後の持続可能な社会をつくる実践学
被災地・岩手のレジリエントな社会構築の試み
山崎憲治・本田敏秋・山崎友子編
●2200円

東日本大震災を分析する 1・2
①地震・津波のメカニズムと被害の実態　②震災と人間・まち・記録
平川新、今村文彦、東北大学災害科学国際研究所編著
●各3800円

東北地方「開発」の系譜 近代の産業復興政策から東日本大震災まで
松本武祝編著
●3500円

生物多様性と保護地域の国際関係 対立から共生へ
高橋進
●2800円

森林破壊の歴史
みんぱく実践人類学シリーズ⑮
井上貴子訳
●2800円

自然災害と復興支援
明石ライブラリー⑮
林勲男編著
●7200円

エコ・デモクラシー フクシマ以後、民主主義の再生に向けて
ドミニク・ブール、ケリー・ホワイトサイド著
松尾日出子訳　中原毅志監訳
●2000円

〈価格は本体価格です〉

世界の環境の歴史
生命共同体における人間の役割
ドナルド・ヒューズ著　奥田暁子、あべのぞみ訳
明石ライブラリー 62
●6800円

世界の水質管理と環境保全
経済協力開発機構(OECD)編著　及川裕二訳
●2300円

開発途上国の都市環境
バングラデシュ・ダカ　持続可能な社会の希求
三宅博之
●3800円

アジアの経済発展と環境問題
社会科学からの展望
伊藤達雄、戒能通厚編
●5500円

環境と資源利用の人類学
西太平洋諸島の生活と文化
印東道子編著
●5500円

人々の資源論
開発と環境の統合に向けて
佐藤仁編著
●2500円

タイの森林消失
1990年代の民主化と政治的メカニズム
倉島孝行
●5500円

破壊される世界の森林
奇妙なほど戦争に似ている
デリック・ジェンセン、ジョージ・ドラファン著　戸田清訳
明石ライブラリー 97
●3000円

開発の思想と行動
「責任ある豊かさ」のために
ロバート・チェンバース著　野田直人監訳　中村さえ子、藤倉達郎訳
明石ライブラリー 104
●3800円

開発のための政策一貫性
東アジアの経済発展と先進諸国の役割
経済協力開発機構(OECD)編著　財務省財務総合政策研究所共同研究プロジェクト
河合正弘「深作喜一郎編著／監訳
●10000円

生物多様性の保護か、生命の収奪か
グローバリズムと知的財産権
ヴァンダナ・シヴァ著　奥田暁子訳
●2300円

アース・デモクラシー
地球と生命の多様性に根ざした民主主義
ヴァンダナ・シヴァ著　山本規雄訳
●3000円

食糧テロリズム
多国籍企業はいかにして第三世界を飢えさせているか
ヴァンダナ・シヴァ著　竹内誠也、金井塚務訳
●2500円

図表でみるOECD諸国の農業政策 2004年版
OECD編著　生源寺眞一、中嶋康博監訳
●2500円

日本の農政改革
競争力向上のための課題とは何か
OECD編　木村伸吾訳
●3000円

農産物貿易自由化で発展途上国はどうなるか
地獄へ向かう競争
吾郷健二
●3800円

〈価格は本体価格です〉

名古屋大学 環境学叢書 2

持続性学
——自然と文明の未来バランス

林 良嗣、田渕六郎、岩松将一、森杉雅史、安成哲三、加藤博和 名古屋大学大学院環境学研究科〔編〕

A5判／上製／168頁
◎2500円

名古屋大学で行われたシンポジウム「私たちは人間生活と環境の未来を構想できるのか？」をもとに、国内外第一線の研究者たちが理科系・人文社会系の枠を超えた「持続性学」の確立へ向け、地球環境の問題と持続可能な社会について考察した論集。

内 容 構 成

序章：私たちは人間生活と環境の未来を構想できるのか？〈林 良嗣〉

《第1部「持続可能な自然人間関係」》
第1章：20世紀型文明の行方「脱石油戦略」を考える〈石井吉徳〉
第2章：持続可能なエネルギー利用〈ハンス=ペーター・デュール〉
第3章：環境考古学からみた持続可能性〈安田喜憲〉
第4章：伝統的自然観・倫理観の再評価〈川田 稔〉

《第2部「国家間の環境コンフリクト」》
第5章：アジアにおける黄砂と大気汚染〈岩坂泰信〉
第6章：EUにおける自動車への環境課金〈ウェルナー・ローテンガッター〉

《第3部「21世紀における環境バランスとコンフリクト」》
パネルディスカッション
座長：中西久枝
指定討論者：ヤン・ドシュエン、リー・シッパー、児玉逸雄
パネリスト：石井吉徳、ハンス=ペーター・デュール、安田喜憲、川田 稔、岩坂泰信、ウェルナー・ローテンガッター、林 良嗣
指定討論者報告〈ヤン・ドシュエン／リー・シッパー／児玉逸雄〉
質疑応答
おわりに〈黒田達朗・名古屋大学大学院環境学研究科教授・元研究科長〉

名古屋大学 環境学叢書 3

東日本大震災後の持続可能な社会
——世界の識者が語る診断から治療まで

林 良嗣、安成哲三、神沢 博、加藤博和 名古屋大学グローバルCOEプログラム「地球学から基礎・臨床環境学への展開」〔編〕

A5判／上製／144頁
◎2500円

シンポジウム「地球にやさしい資源、エネルギー利用へ～東日本大震災から1年」をもとに、3.11東日本大震災以降の社会をどう構想するかを論じる。真鍋淑郎、エルンスト・フォン・ワイツゼッカー、ハンス=ペーター・デュール、米本昌平ら世界の識者による論考。

序文〈林 良嗣〉

内 容 構 成

《第1部 特別講演》
第1章 地球温暖化と水——基礎科学から臨床環境学〈真鍋淑郎〉
第2章 ファクター5——資源消費最小の豊かな社会の実現に向けて〈エルンスト・ウルリッヒ・フォン・ワイツゼッカー〉
エコラボトーク（1）科学的好奇心と社会的使命の遭遇〈真鍋淑郎×神沢 博〉
エコラボトーク（2）技術効率×社会システム＝転換〈エルンスト・ウルリッヒ・フォン・ワイツゼッカー〉
第3章 エネルギーと原子力利用〈ハンス=ペーター・デュール〉
エコラボトーク（3）多様性×協調性＝地球環境の持続
第4章 地球変動のポリティクス——温暖化という脅威をはずして、領域をつなぐように、地球環境問題を考えよう〈米本昌平〉
エコラボトーク（4）問題を志向し、垣根をはずして、領域をつなぐように、地球環境問題を考えよう

《第2部 パネルディスカッション》
「東日本大震災後に考える持続可能な社会」
《モデレーター》飯尾 歩×林 良嗣
《パネリスト》真鍋淑郎×エルンスト・ウルリッヒ・フォン・ワイツゼッカー×ハンス=ペーター・デュール×米本昌平

〈価格は本体価格です〉

名古屋大学 環境学叢書 4
中国都市化の診断と処方
――開発・成長のパラダイム転換

林 良嗣、黒田由彦、高野雅夫
名古屋大学グローバルCOEプログラム「地球学から基礎・臨床環境学への展開」[編]

A5判/上製/192頁
◎3000円

中国の急激な都市化・経済発展は、PM2.5の問題も含め、さまざまな環境破壊・都市問題をもたらしている。本書はこのテーマに対し、日中の研究者が、観光を通じた「持続可能な発展」をはかる湯布院に集い議論した成果をまとめたもの。

■内容構成

はじめに――中国の都市化と湯布院を架橋するもの[黒田由彦]
序章 シンポジウムを貫く視点――ダイナミック・スタビリティ[林 良嗣]

《第1部 中国における都市化の現在》
第1章 南京市の開発とその課題[羅 国方]
第2章 江南の異変――蘇南地域の開発とその問題[張 玉林]
第3章 「都市農村」遷移地域における社区での階層構造および管理のジレンマ――長春市郊外を例に[田 毅鵬]
第4章 東豊県の経済社会発展と直面する環境問題およびその対策[単 聯成]
第5章 中国農村におけるゴミ問題の診断と治療[李 全鵬]
第6章 上海市田子坊地区再開発に見るコントロールされた成長[徐 春陽]
第7章 中国農村の都市化――多系的発展の道筋[黒田由彦]

《第2部 成長の制御(コントロール)》
第8章 岐路に立つ癒しの里・由布院温泉[王 昊凡]
第9章 市町村合併がもたらした「問題」[石橋康正]
第10章 鼎談「由布院温泉に見るコントロールされた成長と前向きな縮小」という課題[中谷健太郎氏×桑野和泉氏×高野雅夫]
第11章 由布院が示唆するもの[林 良嗣]
終章 鼎談「日本社会への提言」[林 良嗣×黒田由彦×高野雅夫]

レジリエンスと地域創生
伝統知とビッグデータから探る国土デザイン

林良嗣、鈴木康弘 編著

A5判/上製/264頁
◎4200円

日本のレジリエンスはなぜ失われたのか、その回復方法は? 伝統知も参照し国内外の喪失事例を分析するとともに、ビッグデータを活用した東日本大震災の検証、地震災害リスク評価を通し、QOLに基づくスマートシュリンクによる国土デザインの方法を提示。

●内容構成●

第一部 レジリエンスの喪失と回復
第1章 なぜ我が国のレジリエンスが失われたのか
第2章 レジリエンスを回復・向上させるための戦略
第3章 レジリエンス喪失の事例

第二部 レジリエンスを高める国土デザイン
第4章 ジオ・ビッグデータによる東日本大震災の検証と新たな展開
第5章 ジオ・ビッグデータによる地震災害リスク評価とレジリエントな国土デザイン
第6章 レジリエンスを高め地域創生を実現する国土デザインのあり方

〈価格は本体価格です〉

道路建設とステークホルダー合意形成の記録
四日市港臨港道路霞4号幹線の事例より

林 良嗣、栗原 淳 著　A5判／144頁　◎2000円

四日市港臨港道路霞4号幹線建設計画は、港管理組合、国、自治体、住民、環境保護団体など多くのステークホルダー（利害関係者）が議論を重ね、折り合いを模索していくことで最終的な合意を得た。本書は、その16年間の紆余曲折を振り返る記録である。

●内容構成●
- 第1章　四日市港臨港道路〔霞4号幹線〕はなぜ必要になったのか
- 第2章　計画検討のための"体制づくり"
- 第3章　多様な立場の人々〔ステークホルダー〕の意見を如何に拾い上げるか
- 第4章　折り合いをつけるための様々な工夫
- 第5章　『道路ガイドプラン』と『臨港道路霞4号幹線計画について（提言）』
- 第6章　建設開始、そして次のステップへ
- 第7章　霞4号幹線事業から学んだこと
- 第8章　プロジェクトを振り返って
- 第9章　資料編

ファクター5
エネルギー効率の5倍向上をめざすイノベーションと経済的方策

エルンスト・ウルリッヒ・フォン・ワイツゼッカー ほか 著
林 良嗣 監修　吉村 皓一 訳者代表

A5判／並製／400頁　◎4200円

地球温暖化や人口増加により危機にある地球環境の中で人類が繁栄を維持するためには、環境負荷を今の5分の1に軽減する必要がある。各産業分野で5倍の資源生産性を向上させる既存の省エネ技術を紹介しながら、これら技術の普及による経済発展のために欠かせない政治・経済の枠組みを含めた社会変革を提案する。

●内容構成●
- Part I　ファクター5への全体的システム・アプローチ
  - 第1章　産業全体のファクタ5
  - 第2章　建築
  - 第3章　鉄鋼とセメント
  - 第4章　農業
  - 第5章　交通
- Part II　「足るを知る」は人類の知恵
  - ――競争から共生へ、経済のパラダイム変革が持続可能な開発を可能にする
  - 第6章　法的規制
  - 第7章　経済的手段
  - 第8章　環境リバウンド
  - 第9章　長期的環境税
  - 第10章　国家と市場のバランス
  - 第11章　足るを知る

〈価格は本体価格です〉